なるほど確率論

村上 雅人 著

なるほど確率論

海鳴社

まえがき

　世の中には確率に関する本があふれている。書店に顔を出すと「いまからでも明日のギャンブルに間に合う」「あなたは、これで億万長者」などというキャッチフレーズを帯に書いた確率入門の本が置いてある。売りたいがための策なのであろうが、確率論で期待値という概念を学べば、賭け事がいかに空しいかということを思い知らされるだけである。

　こんな笑い話がある。有名なギャンブル好きに、「あなたは競馬で家を建てたと聞きました。どうぞ、そのコツを私にも伝授してください」と尋ねたところ、「競馬をしていなければ、同じ家を3軒建てられた。それでもコツを聞きたいかね」と諭されたというものである。ほんのひとにぎりの例外を除いて、ギャンブルに勝つことなどできない。それに、よしんば勝ったとしても、その後も続けていれば必ず負けることになる。これを「大数の法則」と呼んでいる。

　ただし、確率を知っていれば大もうけはできなくとも、被害を最小限に抑えることは可能かもしれない。じゃんけんゲームを例に出そう。二人でじゃんけんをして、勝ったら10円もらい、負けたら10円払うというゲームをしたものとしよう。一晩たったらどうなるであろうか。勝つ確率も1/2、負ける確率も1/2だから、勝ちも負けもしないと考えるのが普通である。ところが、実際には大勝するか、大負けするかのいずれかになる確率がはるかに高いのである。よって、負けがこんだら、挽回しようなどとは考えずに、すぐにゲームを止めるのが得策である。

　しかし、確率は、このようなギャンブルにのみ役立つものではない。むしろ、われ

われが住んでいる世界そのものが確率で支配されているのかもしれないのだ。

19世紀の物理はニュートン力学の登場ですべてが解決したものと考えられていた。運動方程式を立てれば、未来を予測することができる。しかし、この事実は、物理学者だけではなく、多くのひとを厭世観へと導いた。なぜなら、初期条件さえ与えれば、未来がすべて予測できるということは、本人の意思に関係なく、未来が決まっているということになる。これでは、努力して自分の人生を切り拓いても意味がないということになるからである。

ところが、20世紀になって登場した新しい物理である量子力学では、ミクロ粒子の運動は確率的にしか決定できないということを主張しているのである。つまり、粒子がある位置に存在する確率は1ではなく、例えば1/2であるというのである。もちろん、数多くの物理学者は、この考えには反発した。アインシュタインも反対論者の急先鋒で、量子力学の確率論的解釈を非難した「神はサイコロを振らない」という言葉は有名である。

しかし、一方では、ミクロ粒子の運動方程式に不確定性があるということは、未来が初期条件だけで決定されないということを示しており、厭世観に支配されそうになったひとびとにも、自分の努力しだいで人生を変えられるという希望を与えることにもなった。

さらに、確率は熱力学で導入されたエントロピーという概念とも密接に結びついている。これを確率論の一分野である酔歩の理論で簡単に説明しよう。酔歩とは英語では random walk であるが、要は酔っ払いの歩行のことである。

簡単のために、1次元で考える。いま、1000人の酔っ払いが終電の終わった東京駅にいるとしよう。ここで、酔っ払いたちは、有楽町方面と神田方面にいっせいに歩き出した。この時、ひとりひとりの確率は、1歩ごとに、左右どちらの方向に動く場合も1/2とする。すると、始電が動き出すときにはどうなっているであろうか。

有楽町方面も神田方面も同じ確率であるから、酔っ払い達は、東京駅近辺をうろうろ歩きまわっているだけと予想される。ところが、実際にはあっという間に集団はばらけ、場合によっては田町駅や上野駅まで広がっていくのである。歩行の回数を増やせばもっと遠くの大宮駅や大船駅まで達するものも出てくる。つまり、試行回数を増やすと、集団のばらつきは大

きくなり、全員が東京駅にいるというもとの状態には決して戻らないのである。これを不可逆現象と呼んでいる。

エントロピーの説明として「覆水盆に帰らず」ということわざが紹介される。つまり、一度お盆からこぼれた水はひとりでにもとに戻ることはないという意味である。エントロピーも、ひとりでにもとに戻らない現象を説明するために導入された状態関数である。例えば、熱は高温物質から低温物質にしか移動しない。自然には、その逆が起こらない。

今紹介した酔っ払いの例でも、左右に移動する確率が同じであるにもかかわらず、東京駅に戻ってくる酔っ払いよりも、上野駅や田町駅に向かうものが多くなる。この現象は、本書でも紹介しているように確率論でちゃんと説明できるのである。

このように、確率論は現代科学の根幹をなす量子力学および熱力学（あるいは統計力学）と密接な関係にあり、非常に重要な学問である。また、いまだに発展途上の学問でもあり、今後の進展が楽しみな分野でもある。

本書は現代確率論への導入を図ったものであり、できるだけ身近な例題を用いて、確率論の多くの分野を網羅しながら、その基本を理解できるように工夫したつもりである。

最後に、本書をまとめるにあたり、校正や図案など、広範囲にわたって協力いただいた超電導工学研究所の小林忍さんと河野猛君に謝意を表する。この二人には、無断で例題の中にも登場願っている。

著者　2003年4月

もくじ

まえがき・・・・・・・・・・・・・・・・ 5

第1章 確率の考え方・・・・・・・・・・ 11
   1.1. はじめに　*11*
   1.2. 確率と集合——集合の表現方法　*19*
   1.3. 条件付確率　*23*

第2章 場合の数・・・・・・・・・・・・ 35
   2.1. 順列　*35*
   2.2. 組合せ　*48*

第3章 確率の計算方法・・・・・・・・・ 52
   3.1. 確率の計算　*52*
      3.1.1. 誕生日問題　*53*
      3.1.2. ポーカーゲームの確率　*57*
   3.2. 各事象の確率　*62*

第4章 確率分布と確率変数・・・・・・・ 68
   4.1. 確率変数　*68*
   4.2. 期待値　*73*

第5章 2項分布・・・・・・・・・・・・ 83
   5.1. 繰り返し試行の確率　*83*
   5.2. 2項定理　*92*
   5.3. 2項分布の平均と分散　*96*

第6章 多項分布・・・・・・・・・・・・ 100
   6.1. 多項定理　*100*
   6.2. 多項分布　*104*

第7章 ポアソン分布・・・・・・・・・・ 111

第8章 超幾何分布・・・・・・・・・・・ 122
   8.1. 超幾何分布とは？　*123*
   8.2. 超幾何分布の応用　*132*
   8.3. 成分数が3以上の超幾何分布　*137*
   8.4. 幾何分布　*139*

第9章　ガウス関数と正規分布・・・・・・・・・・・・143
　　9.1.　ガウス関数　145
　　9.2.　ガウス関数の積分　148
　　9.3.　誤差の分布を示す関数　149
　　9.4.　正規分布の積分計算　161

第10章　モーメント母関数・・・・・・・・・・・・・171
　　10.1.　正規分布と期待値　171
　　10.2.　モーメント　176
　　10.3.　モーメント母関数　178

第11章　近似理論・・・・・・・・・・・・・・・・・186

第12章　確率密度関数・・・・・・・・・・・・・・・196
　　12.1.　単純な確率分布　198
　　12.2.　指数分布　201
　　12.3.　ワイブル分布　203

第13章　確率過程とランダムウォーク・・・・・・・・208
　　13.1.　ランダムウォークとは　208
　　13.2.　ランダムウォークの道　213
　　13.3.　ランダムウォークの偏り　217
　　13.4.　原点復帰　223
　　13.5.　ランダムウォークの確率　226
　　13.6.　逆正弦法則　235
　　13.7.　非対称なランダムウォーク　246

第14章　ランダムウォークと拡散・・・・・・・・・・248
　　14.1.　2次元のランダムウォーク　252

第15章　マルコフ過程・・・・・・・・・・・・・・・255
　　15.1.　単純マルコフ過程　255
　　15.2.　推移の極限　262
　　15.3.　マルコフ過程の一般化　268

第16章　確率とエントロピー・・・・・・・・・・・・272
　　16.1.　熱力学とエントロピー　272
　　16.2.　エントロピーの確率表示　273
　　16.3.　情報量と確率　276
　　16.4.　情報におけるエントロピー　279

補遺1　指数関数とべき級数展開・・・・・・・・・・286
　　A1.1.　指数関数の定義　286
　　A1.2.　べき級数展開　288

補遺2	補遺2　ガウスの積分公式 ・・・・・・・・・・・・	293
補遺3	スターリング近似 ・・・・・・・・・・・・・・・・・・	296
付表1 ・・・・・・・・・・・・・・・・・・・・・・・・・・・・・		*302*
索引 ・・・・・・・・・・・・・・・・・・・・・・・・・・・・・・・		*303*

第1章　確率の考え方

1.1.　はじめに

　確率 (probability) という用語そのものは日常生活でも頻繁に使われる。高校の数学にも登場するし、大学入試にもよく出題される。それだけなじみが深い分野である。身近な例で言えば、天気予報は確率論をもとに行われている。

　しかし、予報といったところで、明日晴れるかどうかは誰にも分からないので、その予測をすること自体が無駄だといったらどうであろうか。もちろん、それもひとつの生き方ではあろう。しかし、それでは、あまりにも知恵が無さ過ぎる。実は、偶然に左右される出来事であっても、何らかの対処はできるのである。その道具が確率である。

　昔のひとは、いろいろなデータをかき集めて、知恵のもとを探った。そこで自然と確率という概念も芽生えてくる。例えば、「前日に夕焼けが出ると、つぎの日は晴れることが多い」ということに誰かが気づいたとしよう。すると、この事実は先祖の知恵として子孫に受け継がれることになる。気象に関する言い伝えが多いという事実は、気象が昔の農耕生活に大きな影響を及ぼしていたことを物語っている。

　実は、このような先祖の知恵が確率の考え方のもととなっている。夕焼けが出た次の日は、晴れることが多いということを、より定量的に表すのが確率であるからである。

　もちろん、前の日に夕焼けが出たからと言って、必ず晴れるという訳ではない。そういうことが多いというだけの話である。ここで、誰かが夕焼けが出た日を 100 日にわたって調べ、つぎの日に晴れたのが 85 日ということを記録したとしよう。この事実だけで、この言い伝えはかなりの確率で正しいということになるが、この結果をより定量的に示すには、「夕焼けが出た次の日は 85/100 (= 0.85) の確率で晴れる」と言うことができる。

この0.85という数字は、夕焼けが出た日を100日記録し、そのうち次の日晴れた日が85日であったというデータから求められる。この時、夕焼けが出た次の日に晴れる確率を

$$\frac{次の日に晴れた日の日数}{夕焼けが出た日の総数}$$

という比で計算しているのである。これは、経験から確率を求める場合の常套手段である。誰も、この方法に異論はないであろう。身近なところでは、野球選手の打率がこれに相当する。これは、打者の全打席に対して、どれだけの打席にヒットを放ったかで算出される。3割バッターというのは、10本のうち3本ヒットの出る確率のあるバッターのことである。
　これは一般の場合にも拡張でき、ある**事象** (event) A が起こる確率$p(A)$は、すべての事象が起こる総数をN、事象Aが起こる数を$n(A)$とすると

$$p(A) = \frac{n(A)}{N}$$

で与えられる。ここで、$p(A)$は、ある事象 A が起こる**確率** (probability) という意味で、probabilityのpを使ってこのように表記することが多い。あるいは文章で表現すれば

$$確率 = \frac{ある事象の起こる場合の数}{全事象の起こる場合の数}$$

となる。
　いまの場合、夕日が出る日の総数Nが100で、そのうち、次の日が晴れた日の数が85であるので、確率は

$$p(A) = \frac{n(A)}{N} = \frac{85}{100} = 0.85$$

と与えられる。これは、確率の計算方法として理にかなった方法と思われるが、ただし、問題がない訳ではない。それは、もし、別の誰かが同じよ

うに、100日にわたるデータを記録したとする。すると、この時にも85日晴れるという結果が得られるとは限らないという事実である。むしろ、違った結果が得られることが多いであろう。野球選手の打率も、日ごとに変わっている。

この問題に対処するために、現代の確率論ではいくつかのアプローチが考えられる。ひとつは、標本数を増やすという方法で、観測日数を増やせば、それだけ正しい確率に近づいていく。これを**大数の法則**（Law of large numbers）と呼んでいる。たった100日くらいでは、偶然の影響を受けやすいが、1000日も観測すれば、偶然の影響があったとしても、それは緩和されるので、より正しい値が得られるという考えである。長島選手の生涯打率は3割を越しているが、この値は、あるシーズンの打率に比べて、ヒットの出る確率としてかなり信頼性が高いということになる。

しかし、観測数を増やすという作業は口で言うのは簡単であるが、それを実践に移すのは、それほど楽なことではない。大体にして長島選手の生涯打率は、現役のときには分からない。そこで、データ数の影響を数学的に補正して、確率の値を1点で推定するのではなく、ある幅を以って推定するという手法もある。

ただし、確率によっては、このような大数の法則に頼らなくとも、論理的に正しい確率を求められる場合もある。その例として、サイコロの目の出る確率を考えてみよう。1個のサイコロを投げた場合に、出る目の数は

$$\{1, 2, 3, 4, 5, 6\}$$

の6通りである。つまり、すべての事象の総数は $N = 6$ である。前の夕焼けの例では、事象の総数は無限であるが、この場合には事象の全体が決まっている。これを専門的には**標本空間** (sample space) と呼んでいる[1]。ここで、数学的に取り扱いやすいように、出目の数を変数 x として

$$\{x \mid x = 1, 2, 3, 4, 5, 6\}$$

のように表記する。

この全事象の中で1の目が出る事象は1個しかないから、結局、1の目が出る確率は

---

[1] もちろん無限の標本空間を考えることもできる。

$$p(x=1) = \frac{n(1)}{N} = \frac{1}{6}$$

と与えられる。同様にして、他の目が出る確率も、すべて1/6となる。このように、サイコロの出目の場合には、その確率を理論的に求めることができる[2]。

それでは、実際にサイコロを6回投げたら、必ず1の目は1回出るのであろうか。もちろん、そうはならない。例えば、600回投げたら1の目は100に近い回数であっても、余程の偶然でもない限りぴったり1/6の100回になることはない。この場合も、投げる回数を増やせば増やすほど1/6に近づいていくことが実験で確かめることができる。これも**大数の法則**と呼んでいる。しかし、サイコロの目の場合には、このような実験を行わなくとも、論理的に考えることで、その正しい確率を計算することができるのである。

それでは、サイコロの目が1または2の出る確率はどうなるであろうか。この場合は

$$p(x=1 \text{ or } 2) = \frac{n(1)+n(2)}{N} = \frac{1+1}{6} = \frac{1}{3}$$

となる。このように、1の目が出ても、2の目が出てもよいケースの場合には、それぞれの総数を足せば良いことになる。このような事象を**和事象** (union) と呼んでいる。

より一般化すれば、ある事象 A の場合の数が $n(A)$ であり、別の事象 B の場合の数が $n(B)$ の場合、もし、これらの事象が同時に起こることがなければ、A または B の起こる場合の数は

$$n(A) + n(B)$$

で与えられる。これを**和の法則**と呼んでいる。

それでは、和の法則を利用して、サイコロの出目が偶数になる確率を求めてみよう。すると、この場合は、2、4、6のいずれの目が出ても良いことになり、和事象となっている。

---

[2] ただし、サイコロの目は、1から6まですべて同じ確からしさ（likelihood）で出るという仮定を置いている。サイコロの形がいびつであると、出る確率は違ってくる。しかし、そんなことまで考えていたのでは、先に進むことができない。

よって、偶数の目が出る確率は

$$p(x=2m) = \frac{n(2)+n(4)+n(6)}{N} = \frac{1+1+1}{6} = \frac{1}{2}$$

と計算することができる。つまり、サイコロを投げて、偶数の目が出る確率は 1/2 である。同様にして、奇数の目が出る確率は

$$p(x=2m+1) = \frac{n(1)+n(3)+n(5)}{N} = \frac{1+1+1}{6} = \frac{1}{2}$$

となって、この場合も 1/2 となる。

ところで、サイコロを投げて、出目が偶数になる場合と奇数になる場合は、互いに、相反する事象であり、出目が偶数でなければ、必ず奇数になる。このような事象を**余事象** (complementary event) と呼んでいる。この時、事象 A の余事象を $\overline{A}$ のように表記する。実は、確率を計算する場合に余事象を利用すると便利なことが多い。なぜなら

$$p(A) + p(\overline{A}) = 1$$

という関係にあるからである。これを図 1-1 のような図で整理すると分かりやすい。ここで、大枠の四角形が標本空間に相当する。

例えば、ある事象の確率を出す場合に、その事象が複雑な場合には、その余事象を考えて、その確率を計算し、その後 1 から引けば、目指す事象の確率が求められるからである。つまり

$$p(A) = 1 - p(\overline{A})$$

となる。サイコロの偶数と奇数の場合に、この関係を適用すると

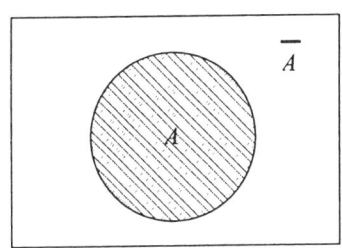

図 1-1

$$p(x = 2m + 1) = 1 - p(x = 2m) = 1 - \frac{1}{2} = \frac{1}{2}$$

と計算することができる。

また、1 以外の目が出る確率を求める場合も、2, 3, 4, 5, 6 の和事象を求めて確率を求めるのではなく

$$p(x \neq 1) = 1 - p(x = 1) = 1 - \frac{1}{6} = \frac{5}{6}$$

と余事象を利用すれば、簡単に計算することができる。

ただし、サイコロを 1 回振った時に出る目の確率であれば、何も確率の計算式など持ち出さなくとも、簡単に頭の中で考えることができる。もちろん、その通りであるが、この方法の重要な点は、現象がより複雑になった場合でも同様の考えで、確率計算ができるという事実である。

一例として、サイコロを 2 回投げる場合を考えてみよう。この場合の、すべての事象の数はどうなるであろうか。少々煩雑ではあるが、すべての事象を書き出すと

(1, 1) (1, 2) (1, 3) (1, 4) (1, 5) (1, 6)
(2, 1) (2, 2) (2, 3) (2, 4) (2, 5) (2, 6)
(3, 1) (3, 2) (3, 3) (3, 4) (3, 5) (3, 6)
(4, 1) (4, 2) (4, 3) (4, 4) (4, 5) (4, 6)
(5, 1) (5, 2) (5, 3) (5, 4) (5, 5) (5, 6)
(6, 1) (6, 2) (6, 3) (6, 4) (6, 5) (6, 6)

となって、その総数は 36 通りであることが分かる。これが 3 回、4 回振るとなったら、その総数を書き出すには、かなりの手間と時間を要する。

そこで、確率では事象の総数、これを場合の数とも呼んでいるが、それを効率よく計算する手法を考えることが重要となる。

今回の場合は次のように考えられる。まず、サイコロを 1 回投げて出る目のパターンは 6 通りある。つぎにサイコロを投げた時は、それぞれの出目に対して 6 通りのパターンが考えられるので、その総数は

$$6 \times 6 = 36$$

となって、36 通りと計算することができる。これを**積の法則**と呼んでいる。同様にして、3 回の場合には $6 \times 6 \times 6 = 216$ 通り、4 回の場合には $6 \times 6 \times 6 \times 6 = 1296$ 通りとなって、これらを書き出していたら大変なことになる。

これを一般化すると、事象 A が起こる場合の数を $n(A)$ として、A のひとつの起こり方に対して、事象 B が起こる場合の数を $n(B)$ とすると、A と B が引き続いて起こる場合の数は

$$n(A) \times n(B)$$

で与えられる。これは、サイコロの場合のように、事象の数が増えても成立する。

ここで、サイコロを 2 回投げた時に、1 の目が続けて 2 回出ない確率を求めてみよう。この場合、余事象を利用する。1 の目が続けて出る事象は (1, 1) の 1 個だけであるから、その確率は

$$p(1, 1) = \frac{1}{36}$$

となる。よって、その余事象の起こる確率は

$$1 - \frac{1}{36} = \frac{35}{36}$$

で与えられるので、1 の目が続けて 2 回出ない確率は 35/36 と簡単に求めることができる。

演習 1-1 サイコロを 2 回投げた時、出目の和が 6 になる確率および 7 になる確率を求めよ。

解) サイコロを 2 回投げたときの事象の総数は 36 である。このうち、出目の和が 6 になる事象は

$$(1, 5)\ (2, 4)\ (3, 3)\ (4, 2)\ (5, 1)$$

の 5 通りであるから、確率は

$$p(\text{出目の和}=6) = \frac{5}{36}$$

となる。次に出目の和が 7 になる事象は

$$(1, 6)\ (2, 5)\ (3, 4)\ (4, 3)\ (5, 2)\ (6, 1)$$

となって、6 通りとなる。よって確率は

$$p(\text{出目の和}=7) = \frac{6}{36} = \frac{1}{6}$$

となる。

　基本的な手法は以上のもので良いが、確率の手法としては別の解法もある。それを紹介しよう。まず、サイコロを投げて、1 が出る確率は 1/6 である。そして、2 回続けて 1 の目が出る確率は

$$\frac{1}{6} \times \frac{1}{6} = \frac{1}{36}$$

と計算することができる。これは、確率という観点から見た**積の法則**である。そして、その余事象の起こる確率は

$$1 - \frac{1}{36} = \frac{35}{36}$$

で与えられるので、1 の目が続けて 2 回出ない確率は 35/36 と簡単に求めることができる。
　この確率の場合の積の法則を、より一般化してみよう。事象 A が起こる確率を $p(A)$ とする。つぎに事象 B が起こる確率を $p(B)$ としよう。もし、B の起こる確率が A に関係ないとすると、A に続いて B が起こる確率は

$$p(A) \times p(B)$$

で与えられる。

> 演習 1-2　コインを 5 回投げた時、1 回でも裏が出る確率を求めよ。

　解)　コインを 5 回投げた場合の数の総数は、1 回の事象が（表、裏）の 2 通りあるので
$$2 \times 2 \times 2 \times 2 \times 2 = 2^5 = 32$$
となって、32 通りとなる。ここで、1 回でも裏が出る事象の余事象は、表が 5 回続けて出る事象となるが、それは 1 通りしかない。よって、その確率は
$$\frac{1}{32}$$
となる。求める確率は、その余事象が起こる確率であるから
$$1 - \frac{1}{32} = \frac{31}{32}$$
となる。

1.2. 確率と集合——集合の表現方法

　ここで、確率の性質を少しまとめてみよう。まず、確率は 0 から 1 の値しかとらない。
$$0 \leq p(A) \leq 1$$
確率 1 ということは、それが必ず起こるということである。例えば、サイコロを 1 回投げた時に、出目が 1, 2, 3, 4, 5, 6 のいずれかが出る確率は 1 となる。この事象が起こる全体を、すでに紹介したように標本空間と言い
$$\{1, 2, 3, 4, 5, 6\}$$
のように表記する。

　この場合、出目の数が 0 になる確率は 0 であるし、10 になる確率も 0 である。

$$p(x=0)=0 \qquad p(x=10)=0$$

つまり、標本空間にない数値が出る確率はすべて 0 となる。また、当然のことながら、確率が負になることもあり得ない。

今のように簡単な場合はそれほど問題ではないが、事象が複雑になるような場合には、事象どうしの関係を**集合** (set) という考え方で整理すると便利な場合がある[3]。この時、**ベン図** (Venn diagram) と呼ばれる図を使って考えをまとめることができる。すでに紹介したある事象 A と余事象の関係を示した図 1-1 がベン図の一種である。

ここで、標本空間 $S = \{1, 2, 3, 4, 5, 6\}$ を例にとって、集合の方法について考えてみる。標本空間を構成している 1 から 6 を**要素** (element) あるいは成分と呼んでいる。いま、この標本空間において、成分が偶数のみという集合 A を考える。それは

$$A = \{x = 2m \mid 2, 4, 6\} = \{2, 4, 6\}$$

となる。一方、3 の倍数からなる集合 B も考えることができる。

$$B = \{x = 3m \mid 3, 6\} = \{3, 6\}$$

この時、集合 A と集合 B には**共通部分** (intersection) が存在する。それは 6 であるが、これを

$$A \cap B = \{6\}$$

と表記し、「A かつ B」 (A and B) と呼ぶ。あるいは「A キャップ B」 (A cap B) と呼ぶこともある。一方、集合 A と集合 B の要素の**和** (union) は

$$A \cup B = \{2, 3, 4, 6\}$$

のように表記し、「A または B」 (A or B)

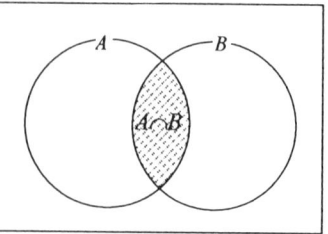

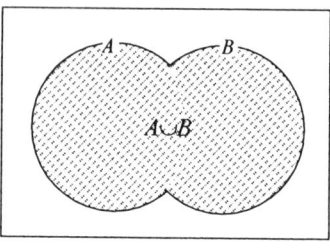

図 1-2

---
[3] 集合の考えを導入すると却って、混乱する場合もある。

と呼ぶこともある。これをベン図で描くと図 1-2 のようになる。このように、共通部分と和事象の考えは、図を使うと分かりやすい（ただし、サイコロの出目のような標本空間に 6 個の要素しかないような単純な場合には、わざわざ図にすることもないが）。また、ベン図から

$$n(A \cup B) = n(A) + n(B) - n(A \cap B)$$

という関係にあることも分かる。いまのサイコロの出目の例でみると

$$n(A \cup B) = 4, \quad n(A) = 3, \quad n(B) = 2, \quad n(A \cap B) = 1$$

であるので、確かにこの関係が成立することが分かる。また共通部分がない場合には

$$A \cap B = \phi$$

のように書き、**空集合** (null set) と呼ぶ。つまり、成分のない集合ということである。よって、事象 A と B に共通部分がないときには

$$n(A \cup B) = n(A) + n(B)$$

である。例えば、偶数と奇数という集合では、この関係が成立する。このような関係が成立する事象を**互いに排反である** (mutually exclusive) と呼ぶ。また、これらを**排反事象** (exclusive event) と呼んでいる。事象と余事象は排反事象である。

　これら集合の記号を利用して確率を表記することもできる。例えば、上のサイコロの例では

$$p(A \cap B) = \frac{n(A \cap B)}{n(S)} = \frac{1}{6}$$

と書くことができる。同様にして

$$p(A \cup B) = \frac{n(A \cup B)}{n(S)} = \frac{4}{6} = \frac{2}{3}$$

となる。また、つぎの関係が成立する。

$$p(A \cup B) = p(A) + p(B) - p(A \cap B)$$

さらに、$A \cap B = \phi$ ならば

$$p(A \cup B) = p(A) + p(B)$$

となる。

以上のように、確率を考えるとき、集合という概念を導入して、別々の事象の相互の関係を整理することができる。

演習 1-3 1 から 1000 までの自然数の標本空間 (S) において、7 および 11 の倍数の個数、7 あるいは 11 のうち、いずれか一方だけで割りきれる数の個数を求めよ。

解) 7 の倍数の集合を A とし、11 の倍数の集合を B とする。7 および 11 の倍数の集合は $A \cup B$ となる。よって

$$n(A \cup B) = n(A) + n(B) - n(A \cap B)$$

を計算すればよいことになる。ここで集合 A は 7 の倍数であるから、その個数は

$$1000 \div 7 = 142 \cdots 6 \quad より \quad n(A) = 142$$

と与えられる。つぎに集合 B は 11 の倍数であるから、その個数は

$$1000 \div 11 = 90 \cdots 10 \quad より \quad n(B) = 90$$

と与えられる。また、集合 $A \cap B$ は 7 および 11 の倍数であるから、77 の倍数である。よって、その個数は

$$1000 \div 77 = 12 \cdots 76 \quad より \quad n(A \cap B) = 12$$

となる。したがって

$$n(A \cup B) = n(A) + n(B) - n(A \cap B) = 142 + 90 - 12 = 220$$

となり、7 または 11 の倍数の個数は 220 個となる。

つぎに、7 あるいは 11 のうち、いずれか一方だけで割りきれる数の個数は、7 の倍数の中から 11 の倍数を、また、11 の倍数の中から 7 の倍数を引

いて、足せばよいので

$$[n(A)-n(A\cap B)]+[n(B)-n(A\cap B)] = (142-12)+(90-12) = 208$$

となる。

1.3. 条件付確率

ある事象 B の確率を、別のある事象 A が起こった場合を条件として確率を求めることがある。もってまわった言い方であるが、具体例では、雨が降ったつぎの日に雨が降る確率を考えるようなものである。これを**条件付確率** (conditional probability) と呼んでいる[4]。そして、その事象を $B|A$ と書き、その確率は

$$p(B|A)$$

のように、表記するのが通例である。これは

$$p(B|A) = \frac{n(A\cap B)}{n(A)}$$

という式で表すことができる。これは標本空間が全事象の S から、事象 A に変わったと見ることができる。さらに事象 A の中で事象 B が起こるのは、事象とすれば $A\cap B$ であるから、条件付確率は上の式のようになるのである。

あるいは、確率の記号を使うと、条件付確率は

$$p(B|A) = \frac{p(A\cap B)}{p(A)}$$

となる。これは全事象を S とすると

---

[4] 本章の冒頭で紹介した夕焼けの出たつぎの日に晴れる確率も条件付確率である。

$$p(B|A) = \frac{n(A \cap B)}{n(A)} = \frac{\frac{n(A \cap B)}{n(S)}}{\frac{n(A)}{n(S)}} = \frac{p(A \cap B)}{p(A)}$$

となることから明らかである。条件付確率は、実際の問題で考えた方が分かりやすいので、演習を行ってみよう。

演習 1-4 サイコロを振って、出た目が偶数である場合に、その目が 6 である確率を計算せよ。

解) サイコロを振って 6 の目がでる確率は

$$p(X = 6) = \frac{1}{6}$$

である、偶数の目がでる確率は

$$p(X = 2m) = \frac{1}{2}$$

よって、求める確率は

$$p(X = 6 | X = 2m) = \frac{1}{6} \bigg/ \frac{1}{2} = \frac{1}{3}$$

となる。

簡単すぎて拍子抜けする問題である。何も、わざわざ条件付確率などという概念を持ち出さなくとも、分かりきったことと言われるかもしれないが、基本に忠実になることが、複雑な問題に対処するときに重要である。

演習 1-5 村上家にふたりの子供がいる。このとき、ふたりのうちひとりが男の子ということが分かっている場合に、ふたりとも男の子である確率を計算せよ。

解) まず、ふたりの子供の組合せの全事象は、左を年上とすると

$$(男、女)(男、男)(女、男)(女、女)$$

の 4 通りである。このとき、ふたりとも男の子である確率は、その事象は一通りしかないから

$$p(男、男) = \frac{1}{4}$$

である、つぎに、少なくとも一人が男の子である確率は、その事象が 3 通りあるので

$$p(男 \geq 1) = \frac{3}{4}$$

となる。ここで、求める確率は条件付確率となって

$$p(男、男|男 \geq 1) = \frac{1}{4} \Big/ \frac{3}{4} = \frac{1}{3}$$

で与えられる。

実は、この演習問題はひっかけ問題として、よく出題される。ふたりの子供のうち、ひとりが男の子であれば、残りひとりは男か女かのいずれかであるので、普通に考えれば、その確率は 1/2 となるように思われる。ところが、実際の確率は 1/3 となる。

誤解の原因は (男、女)(女、男) つまり (兄、妹)(姉、弟) の 2 つの組合せがあるのに対し (男、男) では (兄、弟) の 1 通りしかないことである。

演習 1-6 今シーズン巨人は 80 勝 50 敗で優勝した。松井はホームランを 50 本打ったが、そのうち巨人が勝ったのは 30 試合であった。巨人が勝った試合で、松井がホームランを打つ確率と、松井がホームランを打った試合に巨人が勝つ確率を求めよ。ただし、松井は 1 試合で 2 本以上のホームランを打ったことがないとする。

解) まず、つぎのような事象を考える。

事象 A: 試合に巨人が勝つ

事象 B: ある試合で松井選手がホームランを打つ

巨人が試合に勝つ事象を A とすると、年間の試合数が 130 のうちの 80 試合であるから

$$p(A) = \frac{80}{130} = \frac{8}{13}$$

となる。つぎに、ある試合で松井選手にホームランが出る事象 B の確率を考えてみよう。松井選手は 1 試合で 2 本以上のホームランを打っていないから、ホームランの出た試合数は 50 試合である。よって、その確率は、年間の試合数が 130 であるから

$$p(B) = \frac{50}{130} = \frac{5}{13}$$

となる。ここで、巨人が勝って、松井選手がホームランを打った試合数は 30 であるから

$$n(A \cap B) = 30$$

よって、巨人が勝って、なおかつ松井選手がホームランを打った確率は

$$p(A \cap B) = \frac{n(A \cap B)}{n(S)} = \frac{30}{130} = \frac{3}{13}$$

となる。ここで、巨人が勝ったときに、つまり、事象 A が起こるという条件のもとで、松井がホームランを打つ（事象 B）確率は

$$p(B|A) = \frac{p(A \cap B)}{p(A)} = \frac{3/13}{8/13} = \frac{3}{8}$$

となる。つぎに、松井がホームランを打ったときに、巨人が勝つ確率は

$$p(A|B) = \frac{p(A \cap B)}{p(B)} = \frac{3/13}{5/13} = \frac{3}{5}$$

となる。松井がホームランを打ってくれれば、6 割もの確率で巨人が勝つことになる。

それでは、条件付確率を利用した、別の問題の解法も紹介しておこう。いま、条件確率は

$$p(B|A) = \frac{p(A \cap B)}{p(A)}$$

で与えられることを示した。この式を変形すると

$$\boxed{p(B|A)p(A) = p(A \cap B)}$$

という関係が成立する。この関係式の意味を考えてみよう。すると、この式は、事象Aの起こる確率$p(A)$に、事象Aという条件でBが起こる確率$p(B|A)$をかけたものが、事象Aと事象Bが同時に起こる確率$p(A \cap B)$となるということを示している。つまり

(AとBが同時に起こる確率)
　　= (Aが起こる確率) × (Aが起こるという条件でBが起こる確率)

ということを示している。文章で書くと少し複雑であるが、よく考えれば当たり前の話である。

演習 1-7 河野君は、数学と英語の講義のいずれかを選択しなければならない。数学を選択すれば、優をとる確率は 1/2 あるが、英語を選択すれば、優をとる確率は 1/3 しかない。少し不見識ではあるが、コイン投げで表が出れば数学、裏がでれば英語を選択することにした。河野君が英語を選択して、しかも優をとる確率を求めよ。

解） ここで、河野君が英語を選択する事象をAとし、優をとる事象をBとすると、いま求めたいのは

$$p(A \cap B)$$

という確率である。ところで英語を選択 (A) すれば優をとる確率 (B) は 1/3 ということが分かっているので

$$p(B|A) = \frac{1}{3}$$

となる。英語を選択する確率 $p(A)$ はコイン投げで決めるので 1/2 である。よって河野君が英語で優をとる確率は

$$p(A \cap B) = p(B|A)p(A) = \frac{1}{3} \times \frac{1}{2} = \frac{1}{6}$$

となる。

 実は、条件付確率は、人間の常識的な直感と、実際の確率が合わない例として引き合いに出されることが多い。演習 1-5 などがその例であるが、億劫がらずに、条件付確率の式を基本にして考えることが大切である。
 それでは、最後に、条件付確率において、**ベイズの定理** (Baye's theorem) と呼ばれる関係式を紹介しておこう。式を見ると、怖気づくが、その内容はいたって当たり前の話である。ある事象 B が起こるという条件のもとで、事象 A が起こる条件付確率は

$$p(A|B) = \frac{p(A)p(B|A)}{p(A)p(B|A) + p(\overline{A})p(B|\overline{A})}$$

という関係式でも与えられる。これをベイズの定理と呼んでいる。ここで、条件付確率の一般式をみると

$$p(A|B) = \frac{p(A \cap B)}{p(B)}$$

となっている。まず分子の方から見てみると、すでに紹介したように

$$p(A \cap B) = p(A)p(B|A)$$

という関係が成立しているので、これらは同じものであることが分かる。あとは分母が同じものかどうかである。ここでベイズの定理の分母をみると

$$p(A)p(B|A) + p(\overline{A})p(B|\overline{A})$$

となっている。ここで第 1 項は、分子と同じものであり、第 2 項はつぎのように変形できる。

$$p(\overline{A})p(B|\overline{A}) = p(\overline{A} \cap B)$$

よって

$$p(A)p(B|A) + p(\overline{A})p(B|\overline{A}) = p(A \cap B) + p(\overline{A} \cap B)$$

となるが、これは $p(B)$ そのものである。よって、ベイズの定理が正しいことが証明されたわけであるが、どうして、こんな面倒な関係式をベイズは導き出したのであろうか。

その理由は、問題によってはベイズの定理にしたがって考えた方が分かりやすい場合があるということと、事象が数多くある場合にも拡張できるということである。

演習 1-8 超電導工学研究所の村上研究室には芝浦工業大学の学生が 12 名、日本大学の学生が 8 名在籍している。このうち、芝浦工業大学の女学生は 4 名、日本大学の女学生は 3 名いる。このとき
(1) 村上が朝、最初に出会う学生が芝浦工業大学の女学生である確率を求めよ。
(2) 村上が朝、最初に出会う学生が女子であった時、それが芝浦工業大学の学生である確率を求めよ。

解) 事象をつぎのように整理してみよう。

　　　　事象 A: 学生が芝浦工業大学の所属である
　　　　事象 B: 学生が女子である

ここで、学生の総数は 20 名であるので

$$p(A) = \frac{12}{20} = \frac{3}{5} \qquad p(\overline{A}) = \frac{8}{20} = \frac{2}{5}$$

となる。つぎに条件付確率として、芝工大の女学生は12人のうちの4人であるから

$$p(B|A) = \frac{4}{12} = \frac{1}{3}$$

となる。一方、日大の方は、学生8人のうち3人が女学生であるので

$$p(B|\overline{A}) = \frac{3}{8}$$

となる。すると(1)の確率は $p(A \cap B)$ であるから

$$p(A \cap B) = p(A)p(B|A) = \frac{3}{5} \times \frac{1}{3} = \frac{1}{5}$$

となる。
　つぎに(2)の確率は条件付確率 $p(A|B)$ となっており、ベイズの定理を使うと

$$p(A|B) = \frac{p(A)p(B|A)}{p(A)p(B|A) + p(\overline{A})p(B|\overline{A})} = \frac{\frac{1}{5}}{\frac{1}{5} + \frac{2}{5} \times \frac{3}{8}} = \frac{8}{14} = \frac{4}{7}$$

となる。

　もちろん、こんな面倒なことをしなくとも、女学生の総数が7名であり、そのうち芝浦工業大学所属は4人であるから、すぐに(2)の確率は4/7と与えられる。この定理が有用であるのは、問題が複雑化した際にも、この定理に従って計算すれば答えが得られるという点にある。
　さらに、この定理が便利な点は、事象の数が増えた場合にも簡単に拡張できることである。まず、事象が3つに増えた場合を考えてみよう。
　ある事象 B と3つの排反事象

$$\{A_1, A_2, A_3\}$$

の間に

$$B = B \cap A_1 + B \cap A_2 + B \cap A_3$$

の関係があるとしよう。この時

$$p(A_1|B) = \frac{p(A_1)p(B|A_1)}{p(A_1)p(B|A_1) + p(A_2)p(B|A_2) + p(A_3)p(B|A_3)}$$

という関係が成立する。この関係式が事象の数が 3 つの場合のベイズの定理と呼ばれる。この式も、事象が 2 つの場合の例を基本に考えれば、この関係が成立することは明らかである。

さらに、この関係を一般の n 事象の場合に拡張してみよう。まず

$$B = \sum_{k=1}^{n} B \cap A_k$$

という前提条件を考えると

$$p(A_1|B) = \frac{p(A_1)p(B|A_1)}{\sum_{k=1}^{n} p(A_k)p(B|A_k)}$$

という関係が成立する。これが一般化したベイズの定理である。

演習 1-9 超電導工学研究所の村上研究室には芝浦工業大学の学生が 12 名、日本大学の学生が 8 名、慶応大学の学生が 10 名在籍している。このうち、芝浦工業大学の女学生は 4 名、日本大学の女学生は 3 名、慶応大学の女学生は 2 名いる。このとき、村上が朝、最初に出会った学生が女子の場合に、それが芝浦工業大学の学生である確率を求めよ。

解) 事象をつぎのように整理してみよう。

事象 A_1: 学生は芝浦工業大学に所属している
事象 A_2: 学生は日本大学に所属している
事象 A_3: 学生は慶応大学に所属している
事象 B: 学生が女子である

まず、ベイズの定理が使える条件を満足するかどうか確かめてみよう。それは

$$B = B \cap A_1 + B \cap A_2 + B \cap A_3$$

であった。すると右辺は、芝浦工業大学の女学生、日本大学の女学生、慶応大学の女学生の和であるから、確かに学生が女子であるという事象 B となっている。

ここで、学生の総数は 30 名であり、芝浦工業大学の学生は 12 名、日本大学の学生は 8 名、慶応大学の学生は 10 名、女学生の数は 9 名であるから

$$p(A_1) = \frac{12}{30} = \frac{2}{5} \qquad p(A_2) = \frac{8}{30} = \frac{4}{15} \qquad p(A_3) = \frac{10}{30} = \frac{1}{3}$$

$$p(B) = \frac{9}{30} = \frac{3}{10}$$

となる。つぎに条件付確率として、芝浦工業大学の女学生は 12 人のうちの 4 人であるから

$$p(B|A_1) = \frac{4}{12} = \frac{1}{3}$$

となる。日本大学の方は、学生 8 人のうち 3 人が女学生であるので

$$p(B|A_2) = \frac{3}{8}$$

となる。最後に、慶応大学では、学生 10 人のうち 2 人が女学生であるので

$$p(B|A_3) = \frac{2}{10} = \frac{1}{5}$$

となる。
求める確率は条件付確率 $p(A_1|B)$ となっており、ベイズの定理を使うと

$$p(A_1|B) = \frac{p(A_1)p(B|A_1)}{p(A_1)p(B|A_1) + p(A_2)p(B|A_2) + p(A_3)p(B|A_3)}$$

$$= \frac{\dfrac{2}{5} \times \dfrac{1}{3}}{\dfrac{2}{5} \times \dfrac{1}{3} + \dfrac{4}{15} \times \dfrac{3}{8} + \dfrac{1}{3} \times \dfrac{1}{5}} = \frac{4}{4+3+2} = \frac{4}{9}$$

となる。

　もちろん、この演習の場合も、女学生の総数は 9 名であり、芝浦工業大学の女学生は 4 名であるから、朝、最初に出会うのが女学生という条件のもとでは、その確率は 4/9 となるのは自明ではある。しかし、もっと複雑な問題に対処する場合には、ベイズの定理に従って、条件付確率を求めることが重要となる。

演習 1-10　世論調査で政党支持率を調べたところ、自民党の支持率が 22%、民主党の支持率が 20%、共産党の支持率が 10% であった。残りは、支持政党なしであったとする。自民党支持者のうち、女性の占める割合は 30%、民主党支持者のうち、女性の占める割合は 70%、共産党の支持者の中で女性が占める割合は 50%、また、無党派層で、女性の占める割合は 60% であった。全支持者に占める女性の割合が 55% のとき、民主党に立候補している議員が、女性に出会ったとき、その女性が運良く民主党支持者である確率を求めよ。

　解)　事象をつぎのように整理してみよう。

　　　　　事象 A_1: 自民党を支持している
　　　　　事象 A_2: 民主党を支持している
　　　　　事象 A_3: 共産党を支持している
　　　　　事象 A_4: 無党派層である
　　　　　事象 B: 女性である

まず、それぞれの事象の確率は

$$p(A_1) = 0.22 \quad p(A_2) = 0.20 \quad p(A_3) = 0.10$$
$$p(A_4) = 0.48 \quad p(B) = 0.55$$

となる。つぎに条件付確率として、自民党支持者の30%が女性であるから

$$p(B|A_1) = 0.3$$

となる。同様にして民主党、共産党、無党派層は

$$p(B|A_2) = 0.7 \quad p(B|A_3) = 0.5 \quad p(B|A_4) = 0.6$$

となる。

求める確率は条件付確率 $p(A_2|B)$ となっており、ベイズの定理を使うと

$$p(A_2|B) = \frac{p(A_2)p(B|A_2)}{p(A_1)p(B|A_1) + p(A_2)p(B|A_2) + p(A_3)p(B|A_3) + p(A_4)p(B|A_4)}$$
$$= \frac{0.2 \times 0.7}{0.22 \times 0.3 + 0.2 \times 0.7 + 0.1 \times 0.5 + 0.48 \times 0.6} = \frac{0.14}{0.066 + 0.14 + 0.05 + 0.288} = 0.26$$

となる。

このような問題に対処するには、ベイズの定理が便利である。もちろんベイズの定理に頼らなくとも、場合分けを整理すれば、正解にたどりつくことは可能である。

確率を求める際には、複数の事象の相互の関係を整理するとともに、それぞれの事象の場合の数をいかに過不足なく数え上げるかということが重要である。

ただし、確率計算の場合、往々にして、常識的な直感と計算結果が異なる場合が多いので、本章で紹介したように、集合の考えで、事象間の相互関係を整理することが重要な場合もある。

第2章 場合の数

　第1章で紹介したように、確率において重要な作業は、ある事象が起こる**場合の数** (the number of events) を過不足なく計算することにある。前章では、かなり簡単な場合を対象として確率の基礎を説明したが、実際の問題では、場合の数の求め方はそれほど単純ではない。というよりは、いかに場合の数を求めるかが確率計算の基本となる。

　そこで、本章では、場合の数を求める**順列** (permutation) と**組合せ** (combination) の考え方についてまず紹介し、実際の問題で場合の数の求め方を演習してみる。

2.1. 順列

　確率においては場合の数を求めることが重要であるが、それを求めるには順列と組合せの考えが基本となる。そこで、まず**順列**と呼ばれる場合の数の求め方を紹介する。

　いま 1、2、3 という数字を書いた 3 枚のカードがあったとする。この並べ方の総数はいくつであろうか。確実な方法として、すべての場合を列挙して、その数を求めてみよう。すると

　　　　　1 が先頭に来る場合　 (1, 2, 3) (1, 3, 2)
　　　　　2 が先頭に来る場合　 (2, 1, 3) (2, 3, 1)
　　　　　3 が先頭に来る場合　 (3, 1, 2) (3, 2, 1)

となって、その総数は 6 ということが分かる。

　しかし、この方法はカードの数が少なければ問題ないが、カードの数が増えると、すべての場合の数を網羅するには時間がかかるうえ、おそらく数え落としも出てくるであろう。そこで、何らかの規則性を引き出して、

より効率的にその総数を導出する方法を探る必要がある。

そこで、3枚のカードを並べる場合の数を次のように考えてみよう。まず、最初のカードの選び方は3通りある。次に、2番目に選べるカードは、最初のカードは選べないので、2通りになる。最後のカードは、すでに2枚選んでいるので自ずと決まってしまう。よって並べ方の総数は

$$3 \times 2 \times 1 = 6$$

となって、6通りとなる。確かに、すべての並べ方を列挙したものと同じ答えが得られる。

この考えは、カードの数が4枚に増えた場合にも適用できる。最初のカードの選び方は4通り、つぎのカードの選び方は3通りと順次数が減っていき、最後は1枚しか残らない。よって並べ方の総数は

$$4 \times 3 \times 2 \times 1 = 24$$

つまり24通りとなる。同じ考えでいけばn枚のカードの並べ方の総数は

$$n \times (n-1) \times \cdots \times 3 \times 2 \times 1 = n!$$

となって、つまり**階乗** (factorial) となる。ちなみに10枚のカードでは

$$10! = 3628800$$

となって、3枚のときと同じように、すべての並べ方を列挙する方法を採っていたら、結果を出すのに数年かかってしまうであろう。

演習 2-1 1から5の数字を左から順に1列に並べる方法と、円形に並べる方法の総数を計算せよ。

解） まず、左から1列に並べる方法は

$$5! = 5 \times 4 \times 3 \times 2 \times 1 = 120$$

となって、120通りとなる。つぎに円形に並べる場合は

$$
\begin{array}{l}
1\ 2\ 3\ 4\ 5 \\
2\ 3\ 4\ 5\ 1 \\
3\ 4\ 5\ 1\ 2 \\
4\ 5\ 1\ 2\ 3 \\
5\ 1\ 2\ 3\ 4
\end{array}
$$

は、すべて同じ並び方になるので、1 つの並べ方につき 5 通り多く数えてしまう。よって

$$\frac{5!}{5} = 4! = 24$$

の 24 通りとなる。

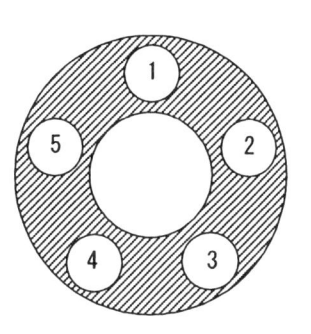

さて、円形に並べる方法は**円順列** (circle permutation) と呼ばれる。一般の場合にも拡張できて、n 個のものを円形に並べる場合の数は

$$(n-1)!$$

となる。ただし、円順列の場合に、例えば宴会のテーブル席のように、席の位置を指定する場合などには、$n!$ となる。

演習 2-2 1 から 5 の数字を 1 列に並べる場合に

(1) 2 と 3 が必ず隣り合せになる場合の数
(2) 並べた 5 桁の数字が偶数となる場合の数
(3) 並べた 5 桁の数字が奇数となる場合の数

を求めよ。

解) (1) 2 と 3 が隣り合わせになるので、これをひとかたまりと考える。すると、4 個の数字を並べる順列の数と等価になるから

$$4! = 24$$

ただし、2 と 3 が隣り合せになるのは (2, 3) と (3, 2) の 2 通りがあるから結局 48 通りとなる。

(2) 偶数となるのは、列の一番右の数字が 2 と 4 の 2 通りしかない。それぞれについて、残り 4 個の数字の並べ方の総数は 4!= 24 であるから、48 通りとなる。

(3) 奇数となるのは、列の一番右の数字が 1、3、5 の 3 通りある。それぞれについて、残り 4 個の数字の並べ方の総数は 4!= 24 であるから、72 通りとなる。

演習 2-3　$\{1, 2, 2, 3, 4, 5\}$ の数字を左から順に 1 列に並べてできる数字の総数を計算せよ。

解)　いままでと違って、同じ数字が 2 個入っている。そこで、同じ数字ということはとりあえず無視して、6 個の数字を左から 1 列に並べる方法の総数をまず計算してみよう。すると

$$6! = 6 \times 5 \times 4 \times 3 \times 2 \times 1 = 720$$

となって、720 通りとなる。しかし、同じ数字を違うものとして計算しているので、その補正をする必要がある。それでは、どれだけ余計にカウントしているであろうか。例えば 123425 という数字を選んだとき、これは最初の 2 と最後の 2 を違うものとしてダブルカウントしていることになる。よって、求める場合の数は

$$\frac{6!}{2} = \frac{720}{2} = 360$$

となる。

演習 2-4　$\{1, 2, 2, 2, 3, 4\}$ の数字を左から順に 1 列に並べてできる数字の総数を計算せよ。

解)　同じ数字が 3 個入っているが、前問と同様に、同じ数字ということ

とはとりあえず無視して、6個の数字を左から1列に並べる方法の総数を計算する。

$$6! = 6 \times 5 \times 4 \times 3 \times 2 \times 1 = 720$$

これは720通りである。しかし、同じ数字を違うものとして計算しているので、その補正を必要がある。それでは、どれだけ余計にカウントしているであろうか。例えば123422という数字を選んだとき

1○34○○

の○はすべて違うとカウントしているので、3!回だけ余計にカウントしていることになる。よって、求める場合の数は

$$\frac{6!}{3!} = \frac{720}{6} = 120$$

となる。

このように、同じものを複数個含んだ順列の場合には、すべての並べ方の数を順列で計算したうえで、同じものの個数の順列の数で割ればよいのである。これは、種類が増えた場合でも同様である。

そこで一般式で考えてみよう。いま、n個のものがあるが、n個には3種類が含まれ、それぞれの数がr_1, r_2, r_3個であったとしよう。この時、このn個のものを並べできるものの総数は

$$\frac{n!}{r_1! r_2! r_3!}$$

で与えられる。さらに、一般化してm種類の場合には

$$\frac{n!}{r_1! r_2! r_3! \cdots r_m!}$$

となる。

演習 2-5 MISSISSIPPI というアルファベットを並べ替えてできる単語の総数を求めよ。

解) これは米国の州の名前である。世界一長い川の名前でもある。整理すると、アルファベットの総数は 11 個であり、I が 4 個、S も 4 個、P は 2 個、M は 1 個であるから、可能な単語の総数は

$$\frac{11!}{4!4!2!1!} = \frac{11 \times 10 \times 9 \times 8 \times 7 \times 6 \times 5}{4 \times 3 \times 2 \times 1 \times 2 \times 1} = 34650$$

となって、34650 通りとなる。

演習 2-6 図に示すように、たての桝目が 4 個、横の桝目が 6 個の碁盤の目状の経路があるとき、左下端の A 点から右上端の B 点まで達する最短の経路の総数を求めよ。

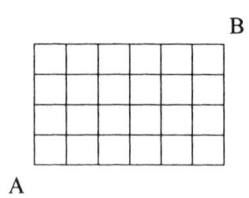

解) この問題は最短経路問題として知られている。いまの手法を使って解くことができる。最短経路では右か上に進むしかない。よって、右が 6 個、上が 4 個あるものを並べる総数となる。よって

$$\frac{10!}{6!4!} = \frac{10 \times 9 \times 8 \times 7}{4 \times 3 \times 2 \times 1} = 210$$

となって、210 通りとなる。

最短経路の問題も一般化することができる。上の問題において、横のグリッドの数を m 個、たてのグリッドの数を n 個とする。

第 2 章　場合の数

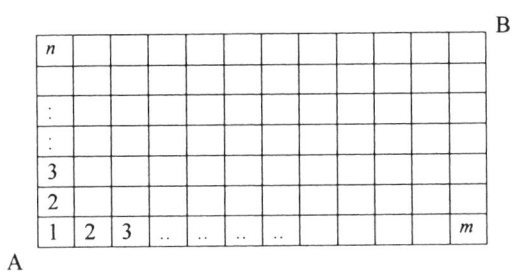

```
      B
n
:
:
3
2
1 2 3 .. .. .. ..           m
A
```

この時の、最短経路の総数は

$$\frac{(m+n)!}{m!n!}$$

で与えられることになる。

　それでは、6 枚のカードをすべて並べるのではなく、3 枚のカードを選んで並べる方法は何通りであろうか。この場合にも、すべてのカードを並べる場合とまったく同じ考えが適用できる。

　つまり、最初のカードは 6 通りの選び方がある。つぎのカードは残り 5 枚であるので 5 通り、3 枚目のカードは 4 通りであるから、結局、カードの並べ方は

$$6 \times 5 \times 4 = 120$$

となって、120 通りということになる。同じように、10 枚のカードから 3 枚取り出して並べる場合には

$$10 \times 9 \times 8 = 720$$

のように 720 通りということが分かる。同様にして 10 枚のカードから 4 枚取り出す並べ方は

$$10 \times 9 \times 8 \times 7 = 5040$$

のように 5040 通りということになる。ここで、6 枚のカードから 3 枚を選んで並べる方法の数の $6 \times 5 \times 4$ という式は

$$6 \times 5 \times 4 = \frac{6 \times 5 \times 4 \times 3 \times 2 \times 1}{3 \times 2 \times 1}$$

と変形することができるので、階乗の記号を使えば

$$6 \times 5 \times 4 = \frac{6!}{3!} = \frac{6!}{(6-3)!}$$

と書くことができる。これは、10 枚から 4 枚のカードを選んで並べるときも同様で

$$10 \times 9 \times 8 \times 7 = \frac{10 \times 9 \times 8 \times 7 \times 6 \times 5 \times 4 \times 3 \times 2 \times 1}{6 \times 5 \times 4 \times 3 \times 2 \times 1} = \frac{10!}{6!} = \frac{10!}{(10-4)!}$$

と書くことができる。これは一般の場合にも拡張でき、n 枚のカードから r 枚のカードを取り出して並べる方法の数は

$$n \times (n-1) \times (n-2) \times ... \times (n-r+1) = \frac{n!}{(n-r)!}$$

であることが分かる。このように、並ぶ順番までを考慮に入れて並べる方法を**順列** (permutation) と呼んでおり、その数を**順列の数** (the number of permutations) と呼んでいる。そして、順列の数は、その頭文字 P を使って

$$\frac{n!}{(n-r)!} = {}_nP_r$$

のように表記する。ここで $r = 0$ の時

$$_nP_0 = \frac{n!}{(n-0)!} = \frac{n!}{n!} = 1$$

となることが分かる。これは、n 枚のカードから何も取り出さずに並べる方法と考えられる。これには、すべてのカードを残すしかないから、1 通りしかないと解釈できる。一方 $r = n$ の場合、公式にあてはめると

第 2 章 場合の数

$$_nP_n = \frac{n!}{(n-n)!} = \frac{n!}{0!}$$

となるが、これは、n 枚のカードから n 枚を選んで並べる方法である。よって、まさに n 枚のカードの並べ方の総数であるから

$$_nP_n = n!$$

となる。これら 2 式から $0! = 1$ でなければならないことが分かる。

演習 2-7　運動会において 1 つの徒競走で 8 人の生徒が走る時、1 位、2 位、3 位の可能な総数を求めよ。

解）　この場合の数は 1 から 8 までの 8 個の数字から 3 個を選んで並べる順列の数と等価である。よって

$$_8P_3 = 8 \times 7 \times 6 = 336$$

となり、可能な総数は 336 通りとなる。

演習 2-8　1 から 9 までの数字から異なる 3 個の数字を選んで 3 桁の数字をつくるとき、その総数を求めよ。

解）　1 から 9 までの 9 個の数字から 3 個を選んで並べる順列の数であるから

$$_9P_3 = 9 \times 8 \times 7 = 504$$

よって、3 桁の数の総数は 504 となる。

演習 2-9　0 から 9 までの数字から異なる 3 個の数字を選んで 3 桁の数をつくるとき、その総数を求めよ。

解）　0 から 9 までの 10 個の数字から 3 個を選んで並べる順列の数は

$$_{10}P_3 = 10 \times 9 \times 8 = 720$$

となる。ところが、このままでは、100の位に0が来る場合も含んでおり、この場合は3桁にならない。よって、先頭に0が来る場合の数は、1から9までの9個の数字から2個を選んで並べる順列の数であるので

$$_9P_2 = 9 \times 8 = 72$$

となる。よって、3桁の数の総数は

$$720 - 72 = 648$$

となって、648通りとなる。

この問題は次のように考えることもできる。100の位の数字として選べるのは1から9までの数字の9通りある。つぎに、10の位の数字は、最初に選んだ数字の残りの8個に0を足した9個の中から選ぶことができるので9通りとなる。最後に選べるのは、すでに使った2個の数字を除いた8個となるので、8通りとなる。よって

$$9 \times 9 \times 8 = 648$$

となり、3桁の数の総数は648個となり、先ほどと同じ答えが得られる。

演習2-10 3桁の数の総数を求めよ。

解) 100の位の数字は1から9の中から選べるので9通り、10の位は0から9の中から選べるので10通り、1の位の数字も同様に10通りであるから、3桁の数字の総数は

$$9 \times 10 \times 10 = 900$$

となる。

第 2 章　場合の数

これは、999 から 2 桁以下の数字の数 99 を引いた 900 が 3 桁の数の総数であるという考えもできる。

演習 2-11　3 桁の数のうち、偶数と奇数の総数をそれぞれ求めよ。

解）　偶数となるためには、1 の位の数字が 0、2、4、6、8 の 5 通りである。100 の位の数字は 1 から 9 の中から選べるので 9 通り、10 の位は 0 から 9 の中から選べるので 10 通りであるから、偶数の 3 桁の数字の総数は

$$5 \times 9 \times 10 = 450$$

となる。同様にして奇数の数も 450 個となる。

演習 2-12　50 人のクラスから、委員長、副委員長、書記の 3 人を選ぶ方法の総数を求めよ。

解）　まず、委員長を選ぶ方法は 50 通り、つぎに副委員長を選ぶ方法は 49 通り、書記を選ぶ方法は 48 通りであるから

$$50 \times 49 \times 48 = 117600$$

となって、117600 通りとなる。

今の問題は、50 人から 3 人を選んで 1 列に並べる方法と同じである。なぜなら、3 人の役割がそれぞれ別であるから、委員長、副委員長、書記と順番を決めれば、1 列に並べる方法と同じになるからである。よって、順列となり

$$_{50}P_3 = \frac{50!}{(50-3)!} = 50 \times 49 \times 48 = 117600$$

と与えられる。

演習 2-13 50 人のクラスから、委員長、副委員長を 2 人、書記の合計 4 人を選ぶ方法の総数を求めよ。

解） 副委員長職がダブっているが、それを無視して 4 人を 1 列に並べる方法を考えると

$$_{50}P_4 = \frac{50!}{(50-4)!} = 50 \times 49 \times 48 \times 47 = 5527200$$

となる。しかし、これは副委員長に選んだ生徒をダブルカウントしているので、2!=2 で割って 2763600 通りとなる。

演習 2-14 50 人のクラスから、委員長、副委員長を 2 人、書記 3 人の合計 6 人を選ぶ方法の総数を求めよ。

解） 副委員長と書記の職が複数となっているが、それを無視して 6 人を 1 列に並べる方法を考えると

$$_{50}P_6 = \frac{50!}{(50-6)!} = 50 \times 49 \times 48 \times 47 \times 46 \times 45$$

となる。しかし、これは副委員長に選んだ生徒と、書記に選んだ生徒の、それぞれの順列の数だけ余計にカウントしているので、場合の数は

$$\frac{_{50}P_6}{2!3!} = \frac{50!}{(50-6)!2!3!} = \frac{50 \times 49 \times 48 \times 47 \times 46 \times 45}{12} = 953442000$$

となる。いずれにしても莫大な数である。

最後に、分配の場合の数について考えてみよう。これは、富の分散とも言える。いま、ある村の総資産が n 万円であったとする。村の人口が m 人のとき、この総資産を万単位で m 人に分配する方法は何通りあるであろう

か。
　この問題を考えるために、簡単な例として5万円を3人に分配する方法を考えてみよう。すべてを列挙すると

　　　　　　　(5, 0, 0)
　　　　　　　(4, 1, 0)　(4, 0, 1)
　　　　　　　(3, 2, 0)　(3, 0, 2)　(3, 1, 1)
　　　　　　　(2, 3, 0)　(2, 0, 3)　(2, 2, 1)　(2, 1, 2)
　　　　　　　(1, 4, 0)　(1, 0, 4)　(1, 3, 1)　(1, 1, 3)　(1, 2, 2)
　　　　　　　(0, 5, 0)　(0, 0, 5)　(0, 4, 1)　(0, 1, 4)　(0, 3, 2)　(0, 2, 3)

となって、全部で21通りとなる。ここで、この問題をつぎのように考えてみよう。いま、1万円冊が5枚ある。これを白い玉5個で代用する。

　　　　　　　　　　○　○　○　○　○

これを、0になるケースを許して3つに分ける。この時、新たに黒い玉を3個加える。そして(3, 1, 1)という分配方法に対応させて

　　　　　　　○　○　○　●　○　●　○　●

のように、それぞれの個数の後に黒い玉を配するのである。このようにすれば、すべての場合を白い玉5個と黒い玉3個を並べることで網羅できる。ただし、

　　　　　　　●　○　○　○　●　○　●　○

という並びはまったく同じ分配方法となってしまう。それでは、どうするか。結局

　　　　　　　○　○　○　●　○　●　○

のように、3つの部分に分けるためには、黒い玉は2個ですむのである。
　ここで、今の問題をこの手法で考えてみよう。5万円を3人に分配する場合の数は、白い玉を5個、黒い玉を2個並べる方法の場合の数であるから

$$\frac{(5+2)!}{5!2!} = \frac{7!}{5!2!} = \frac{7 \times 6}{2} = 21$$

となって、確かに 21 通りとなって、全部列挙した場合と同じ答えが得られる。これを踏まえて、総資産 n 万円を m 人に分配する場合の数は

$$\frac{(n+m-1)!}{n!(m-1)!}$$

となる。

2.2. 組合せ

　順列の場合は、カードの並び順まで考慮に入れて場合の数を計算したが、もし、並び順はどうでもよく、カードの組合せの数を求めたいとしたらどうしたらよいであろうか。これを**組合せ** (combination) の場合の数と呼んでいる。つまり組合せの数は、カードの並び順はどうでもよく、とにかく、どのカードを選ぶかということである。

　まず、3 枚のカードから 3 枚のカードを選ぶ方法は 1 通りしかない。

$$(1, 2, 3)$$

カードが 3 枚であるからどうしようもないのである。これが順列と違うところである。

　それでは、2 枚のカードを選ぶ組合せはどうであろうか。この場合は

$$(1, 2)\ (1, 3)\ (2, 3)$$

の 3 通りがある。

　また 1 枚のカードを選ぶ組合せは

$$(1)\ (2)\ (3)$$

の 3 通りである。これでは当たり前すぎてよく分からないので、3 枚のカードから 2 枚を取り出して並べる順列の数を求める作業を基本に考えてみよう。すると

$$3 \times 2 = 6$$

となって 6 通りである。具体的に並べ方を列挙すると

$$(1, 2)\ (2, 1)\ (1, 3)\ (3, 1)\ (2, 3)\ (3, 2)$$

となる。ところで、組合せで考えると (1, 2) と (2, 1) は同じものである。つまり、順列の方法では、組合せを 2 回ずつダブルカウントしていることになる。よって、本来欲しい**組合せの数** (the number of combinations) の 2 倍だけカウントしていることになり、組合せの数は 6/2=3 通りとなる。

それでは 3 個の組合せを選ぶ場合を考えてみる。この場合も順列の数から考えると $3 \times 2 \times 1 = 6$ となって 6 通りとなる。それを列挙すると

$$(1, 2, 3)\ (1, 3, 2)\ (2, 1, 3)\ (2, 3, 1)\ (3, 1, 2)\ (3, 2, 1)$$

となるが、数字の組合せという観点では、これらはすべて同じものである。つまり、順列の数を数えた値を基本としたときに、組合せという視点で見ると、3 個の成分を選ぶときには、その順列の数である 3! 回だけ余計にカウントしていることになる。

よって、r 個から r 個の組合せを選ぶときには、**本来は 1 通りしかないにもかかわらず、$r!$ 回だけ余計にカウントしているのである**。つまり、組合せの数を得るためには順列の数を $r!$ で割らなければならない。

例えば、3 個の成分の順列の数は 3! であるが、組合せを考えた場合、3! 回だけ同じものをダブルカウントしているので、結局、組合せの数は

$$\frac{3!}{3!} = 1$$

となる。よって、3 枚のカードから 3 枚のカードを選ぶ組合せは 1、つまり 1 通りとなる。つぎに、3 枚のカードから 2 枚のカードを取り出して並べる順列の数は

$$_3P_2 = \frac{3!}{1!} = 3 \times 2 = 6$$

であるが、組合せの数では 2! だけ同じものをダブルカウントしているから、組合せの数は、順列の数を 2! で割った

$$\frac{_3P_2}{2!} = \frac{3!}{1!2!} = \frac{3 \times 2}{2 \times 1} = 3$$

となり、3 通りとなる。これを一般の場合に拡張すると、n 枚のカードから r 枚のカードを選ぶ組合せは、順列の数 $_nP_r$ を $r!$ で割って

$$\frac{{}_nP_r}{r!} = \frac{n!}{(n-r)!r!}$$

と与えられる。これを組合せ (combination) の頭文字の C を使って

$$_nC_r = \frac{{}_nP_r}{r!} = \frac{n!}{(n-r)!r!}$$

と表記する。ここで

$$_nC_{n-r} = \frac{n!}{r!(n-r)!}$$

となるが、これは $_nC_r$ と同じものであるから

$$_nC_r = {}_nC_{n-r}$$

という関係が成立することが分かる。

この関係は、具体例では、10個の成分から3個の成分を選ぶ組合せの数は、10個の成分から残りの7個を選ぶ組合せの数と同じものであると解釈できる。

演習 2-15 ある大学では10教科から7科目を選んで単位を修得しなければならない。科目の選び方は何通りあるか。

解) これは10科目から7科目の組合せを選ぶ方法の数であるから

$$_{10}C_7 = \frac{10!}{7!3!} = \frac{10 \times 9 \times 8}{3 \times 2} = 120$$

よって120通りの組合せがある。

演習 2-16 15 人のグループを 5 人ずつの 3 グループに分けたい。その方法は全部で何通りあるか。

解) まず、15 人から最初のグループに入る 5 人を選ぶ場合の数は

$$_{15}C_5 = \frac{15!}{10!5!} = \frac{15 \times 14 \times 13 \times 12 \times 11}{5 \times 4 \times 3 \times 2} = 3003$$

となる。つぎに、残りの 10 人からつぎのグループに入る 5 人を選ぶ場合の数は

$$_{10}C_5 = \frac{10!}{5!5!} = \frac{10 \times 9 \times 8 \times 7 \times 6}{5 \times 4 \times 3 \times 2} = 252$$

となる。10 人選んでしまうと、残りの 5 人は自動的に決まってしまう。よって選び方の総数は

$$3003 \times 252 \times 1 = 756756$$

となって、756756 通りとなる。

演習 2-17 15 人のグループを 4 人、5 人、6 人の 3 グループに分けたい。その方法は全部で何通りあるか。

解) まず、15 人から最初のグループに入る 4 人を選ぶ場合の数は

$$_{15}C_4 = \frac{15!}{11!4!} = \frac{15 \times 14 \times 13 \times 12}{4 \times 3 \times 2} = 1365$$

となる。つぎに、残りの 11 人からつぎのグループに入る 5 人を選ぶ場合の数は

$$_{11}C_5 = \frac{11!}{6!5!} = \frac{11 \times 10 \times 9 \times 8 \times 7}{5 \times 4 \times 3 \times 2} = 462$$

となる。9 人選んでしまうと、残りの 6 人は自動的に決まってしまう。よって選び方の総数は

$$1365 \times 462 \times 1 = 630630$$

となって、630630 通りとなる。

第3章　確率の計算方法

3.1. 確率の計算

それでは、第2章で学んだ順列と組合せの計算方法を利用して、確率を求めてみよう。ここで復習すると、確率は

$$\text{確率} = \frac{\text{ある事象の起こる場合の数}}{\text{全事象の起こる場合の数}}$$

で与えられる。よって、確率を求めるためには、分母の、全事象の起こる場合の数と、分子の、対象とする事象の起こる場合の数を過不足なく求める必要がある。この計算に順列と組合せの考え方が重要となるのである。

具体例で確率を求めてみよう。いま、5人の生徒がいる。生徒をたて一列に並べるときに、ある生徒A君が先頭にくる確率を求めてみよう。この解法には順列を利用する。まず、5人の生徒を一列に並べる場合の数は

$$5! = 5 \times 4 \times 3 \times 2 \times 1 = 120$$

となって、120通りある。つぎに、ある生徒A君が先頭にくる場合の数は、先頭が固定されており、残り4人を1列に並べる場合の数であるから

$$4! = 4 \times 3 \times 2 \times 1 = 24$$

となる。よって確率は

$$p = \frac{4!}{5!} = \frac{24}{120} = \frac{1}{5}$$

となる。もちろん、このような面倒な計算をしなくとも5人の生徒が居て、自由に並んだときには、特定の生徒が先頭に来る確率は1/5となることは自

明ではある。しかし、さらに複雑な問題に対処する場合には、分子分母の場合の数を計算して、その比から確率を求める手法が重要となる。

つぎに、組合せを利用して確率を求める場合を考えてみよう。ある大学では、10 教科の中から 7 科目を履修しなければならない。ある 2 科目を生徒が履修する確率を求めてみよう。すると、可能な選択の総数は、10 教科から 7 科目を選ぶ場合の数であるから

$$_{10}C_7 = \frac{_{10}P_7}{7!} = \frac{10!}{7!3!} = \frac{10 \times 9 \times 8}{3 \times 2 \times 1} = 120$$

となって、120 通りである。ここで、選択する 2 科目を固定すると、残り 8 教科の中から 5 科目を選ぶ場合の数であるから

$$_{8}C_5 = \frac{_{8}P_5}{5!} = \frac{8!}{5!3!} = \frac{8 \times 7 \times 6}{3 \times 2 \times 1} = 56$$

となるので、その確率は

$$p = \frac{56}{120} = \frac{7}{15}$$

となる。以上のように、順列や組合せの考えをうまく適用することで、場合の数を計算することができれば、確率を計算することができる。

3.1.1. 誕生日問題

いま、生徒が 5 人居るとして、この 5 人の中の誰か 2 人以上の誕生日が同じになる確率を考えてみる。

この場合は、余事象を利用する。このケースの余事象は、5 人の誕生日がすべて異なる場合である。この確率を考えてみよう。まず、すべての場合の数から考えると、一人目の誕生日の選び方は 365 日である。二人目の誕生日の選び方も 365 通り、三人目も同様であり、結局、全員の誕生日の選び方が 365 通りであるから

$$365 \times 365 \times 365 \times 365 \times 365 = 365^5$$

となる。もちろん、この式を計算することができるが、大きな数字になるので、便宜上このままにしておく。つぎに、5 人の誕生日がすべて異なる場

合の数を求めてみよう。最初のひとは何の制約もないから、その誕生日の選び方は 365 通りとなる。つぎのひとの誕生日は最初のひとの誕生日を選べないので、364 通りとなる。つぎは 363 通りと順次 1 つずつ減っていき、5 人目では 361 通りとなる。よって

$$_{365}P_5 = 365 \times 364 \times 363 \times 362 \times 361$$

となる。これも計算ができるが、大きな数であるから、そのままにしておく。ここで確率計算の方法に従って、5 人の誕生日がすべて異なる確率は

$$p = \frac{_{365}P_5}{365^5} = \frac{365 \times 364 \times 363 \times 362 \times 361}{365 \times 365 \times 365 \times 365 \times 365} = \frac{364 \times 363 \times 362 \times 361}{365 \times 365 \times 365 \times 365}$$

という比で与えられることになる。これを計算すると

$$p = \frac{364 \times 363 \times 362 \times 361}{365 \times 365 \times 365 \times 365} \cong \frac{17267274000}{17748900000} \cong 0.973$$

となる。よって、5 人のグループにおいて、誕生日が同じになる確率は 0.027、つまりわずか 2.7% となる。

この考えは、任意の人数のグループに対しても適用できる。例えば、r 人のグループがあって、誕生日が誰一人として一緒にならない確率は

$$p = \frac{_{365}P_r}{365^r}$$

と与えられる。人数が増えた場合に、これを手計算で求めるのは、それほど楽ではないが $r = 20$ の場合に挑戦してみよう。すると、その確率は

第 3 章　確率の計算方法

$$p = \frac{_{365}P_{20}}{365^{20}} = \frac{365 \times 364 \times \cdots \times 346}{365 \times 365 \times \cdots \times 365}$$

となる。これを計算するために**スターリング近似** (Stirling approximation) を使う（**補遺** 3 参照）。それは

$$N! \cong \sqrt{2\pi N} N^N e^{-N}$$

であった。この両辺の対数をとると

$$\ln N! \cong \frac{1}{2}\ln(2\pi) + \frac{1}{2}\ln N + N \ln N - N = \left(N + \frac{1}{2}\right)\ln N - N + 0.92$$

となる[1]。ここで

$$p = \frac{_{365}P_{20}}{365^{20}} = \frac{365!}{(365-20)! \times 365^{20}}$$

であるから

$$\ln p = \ln 365! - \ln 345! - 20 \ln 365$$
$$\cong (365.5 \ln 365 - 365 + 0.92) - (345.5 \ln 345 - 345 + 0.92) - 20 \ln 365$$

となる。よって

$$\ln p \cong (365.5 \times 5.90 - 365) - (345.5 \times 5.844 - 345) - 20 \times 5.90$$
$$= 365.5 \times 5.90 - 345.5 \times 5.844 - 20 - 118$$
$$= 2156.45 - 2019.10 - 138 = -0.65$$

したがって

$$p = \exp(-0.65) = 0.52$$

となる。この余事象が起こる確率、すなわち 20 人のグループで、誕生日が同じひとが居る確率は

$$1 - p = 1 - 0.52 = 0.48$$

となって、なんとその確率は 1/2 に迫るのである。

---

[1] この式は N が十分大きければ $\ln N! = N\ln N - N$ と近似することができる。多くの教科書には、この式が載っている。

演習 3-1　あるクラスの生徒の数が 50 人とする。クラスの中で誕生日が同じ生徒が少なくとも 1 組以上居る確率を求めよ。

　解)　50 人が全員誕生日が異なる確率を求めたうえで、その余事象の確率を考えればよい。まず、50 人全員の誕生日が異なる確率は

$$p = \frac{{}_{365}P_{50}}{365^{50}} = \frac{365!}{(365-50)! \times 365^{50}}$$

で与えられる。これをスターリングの近似式

$$N! \cong \sqrt{2\pi N}\, N^N e^{-N} \qquad\qquad \ln N! \cong \left(N + \frac{1}{2}\right)\ln N - N + 0.92$$

を使って計算する。
　ここで

$$p = \frac{{}_{365}P_{50}}{365^{50}} = \frac{365!}{(365-50)! \times 365^{50}}$$

であるから、対数をとると

$$\ln p = \ln 365! - \ln 315! - 50 \ln 365$$
$$\cong (365.5 \ln 365 - 365 + 0.92) - (315.5 \ln 315 - 315 + 0.92) - 50 \ln 365$$

となる。よって

$$\ln p \cong (365.5 \times 5.90 - 365) - (315.5 \times 5.753 - 315) - 50 \times 5.90$$
$$= 365.5 \times 5.90 - 315.5 \times 5.753 - 50 - 295$$
$$= 2156.45 - 1815.07 - 345 = -3.62$$

したがって

$$p = \exp(-3.62) = 0.027$$

となる。この余事象が起こる確率、すなわち誕生日が同じふたりが居る確率は

$$1 - p = 1 - 0.027 = 0.973$$

となる。

第 3 章　確率の計算方法

　つまり、50 人のクラスでは、ほぼ確実に誕生日の同じ生徒がいることになる。このように、確率の問題では、常識で想定している確率と、実際の確率の値が乖離しているケースがよくある。

　誕生日の場合には、1 年は 365 日もあるのだから、めったなことで同じ誕生日になることはないという先入観がある。しかし、よくよく計算してみると、50 人程度のグループでは、同じ誕生日の人がいる確率は 1 に近いのである。これを利用した霊感商法があると聞いたが、詐欺にだまされないためにも、数学の勉強をおろそかにしてはいけない。誰かひとりでも、この事実を知っているひとがいれば、誕生日が同じひとがいても偶然ではないと言えるからである。

3.1.2　ポーカーゲームの確率

　つぎに、よく確率の本で取り上げられるポーカーゲーム (poker game) の確率について考えてみよう。ポーカーの役は、下からワンペア (one pair)、ツウペア (two pair)、スリーカード (three of a kind)、ストレート (straight)、フラッシュ (flush)、フルハウス (full house) の順で強くなっていく。当然、出にくい役ほど、強いはずである。それを確かめてみよう。

　まず、ポーカーは 52 枚のカードから 5 枚のカードを選ぶのが全事象である。よって、その場合の数は

$$_{52}C_5 = \frac{52!}{47!5!} = \frac{52 \times 51 \times 50 \times 49 \times 48}{5 \times 4 \times 3 \times 2} = 2598960$$

となって、2598960 通りとなる。これがポーカーの手のすべての数である (ただしジョーカーは考えないものとする)。

　ここでワンペアの確率を考えてみよう。この場合、トランプのカードには 1 から 13 までの 13 種類の数字とダイヤ (diamond)、ハート (heart)、スペード (spade)、クラブ (club) の 4 種類のスーツ (suit) がある。

　そこで、整理の意味で、数字の選び方とスーツの選び方に分けて考えてみよう。まずワンペアの手の場合の数字をまず選ぶ。その場合は

●●□△▽

のように、2 個だけ同じで、残り 3 個は違う数字の組合せを選ぶ方法である。

すると、まずペアになる数字を選ぶ方法は $_{13}C_1$ 通りである。つぎに、残り 12 個の数字から異なる 3 個の数字を選ぶ方法は $_{12}C_3$ 通りである。よって、ワンペアとなる数字の選び方は

$$_{13}C_1 \times {}_{12}C_3 = \frac{13!}{(13-1)!1!} \times \frac{12!}{(12-3)!3!} = 13 \times \frac{12 \times 11 \times 10}{3 \times 2} = 2860$$

となって、2860 通りとなる。

つぎに、トランプのダイヤ、ハート、スペード、クラブの 4 種類のスーツを選ぶ方法を考えてみよう。確認のため、ワンペアの数字の例として

①①②③④

という数字の並びを考え、4 種類のスーツの分配方法を考えてみよう。まず、ワンペアの数字①に関しては、4 種類から 2 個選ぶ方法となり、$_4C_2$ 通りとなる。残りのペアのない数字、例えば②に対しては、4 種類から 1 種類選ぶ方法であり $_4C_1$ 通りとなる。同様にして③に対しても $_4C_1$ 通り、④に対しても $_4C_1$ 通りである。よってスーツの分配の方法は全体で

$$_4C_2 \times {}_4C_1 \times {}_4C_1 \times {}_4C_1 = \frac{4!}{2!2!} \times 4 \times 4 \times 4 = 384$$

となり、384 通りとなる。結局ワンペアの場合の数は

$$2860 \times 384 = 1098240$$

となる。従って、ワンペアの出る確率は

$$\frac{1098240}{2598960} = 0.42$$

となって、少なくとも 2.5 回に 1 回はワンペアの手が来るということになる。

それでは、ツウペアの確率はどうであろうか。ワンペアの場合と同様に数字の並びをまず考え、その後スーツの配し方を考えてみよう。まず数字の選び方は

○○●●□

のようになる。よって、まずツウペアとなる数字の選び方は 13 個の中から 2 個選ぶ方法と考えれば良い。よって $_{13}C_2$ 通りとなる。また、残りの数字は、ツウペア以外の数字 11 個の中から選べばよいので $_{11}C_1$ 通りとなる。よって、数字の選び方の数は

$$_{13}C_2 \times {}_{11}C_1 = \frac{13!}{(13-2)!2!} \times \frac{11!}{(11-1)!1!} = \frac{13 \times 12}{2 \times 1} \times 11 = 858$$

となって、858 通りとなる。

つぎにツウペアとなる数字が決まれば、ツウペアのカードはそれぞれに対して 4 種類のスーツから 2 個選ぶ方法となり $_4C_2$ 通りとなる。また、最後の 1 枚に対しては 4 種類のスーツから 1 種類選ぶ方法となるので、$_4C_1$ 通りとなる。よって

$$_4C_2 \times {}_4C_2 \times {}_4C_1 = \frac{4!}{2!2!} \times \frac{4!}{2!2!} \times 4 = \frac{4 \times 3}{2 \times 1} \times \frac{4 \times 3}{2 \times 1} \times 4 = 144$$

となり、144 通りとなる。

結局ツウペアの場合の数は

$$858 \times 144 = 123552$$

と与えられ、ツウペアが出る確率は

$$\frac{123552}{2598960} \cong 0.0475$$

となって、ワンペアに比べてかなり低くなる。約 5% であるので 20 回に 1 回ということになる。

演習 3-2 ポーカーゲームにおいてスリーカードの手が来る確率を求めよ。

解) 52 枚から 5 枚のカードを選ぶ場合の数は、すでに計算したように

$$_{52}C_5 = 2598960$$

である。ここで、スリーカードとなる場合の数を求める。

まず数字の組合せを選ぶ方法を考える。それは

●●●□△

のような数字の組合せとなる。まず、スリーカードとなる数字の選び方は $_{13}C_1$ 通りである。つぎに、残りの異なる 2 個の数字の選び方は残り 12 個から 2 個選ぶ方法となるので $_{12}C_2$ 通りとなる。よって、その選び方は

$$_{13}C_1 \times _{12}C_2 = 13 \times \frac{12!}{(12-2)!2!} = 13 \times \frac{12 \times 11}{2 \times 1} = 858$$

となり、858 通りとなる。

つぎに、4 種類のスーツからスリーカードとなるカードを選ぶ方法は 4 種類から 3 種類を選ぶ方法となるので $_4C_3$ 通りであり、残り 2 個の数字に対しては、それぞれ $_4C_1$ 通りであるので

$$_4C_3 \times _4C_1 \times _4C_1 = \frac{4!}{1!3!} \times 4 \times 4 = 64$$

となる。結局、スリーカードとなるカードを選ぶ方法の数は

$$858 \times 64 = 54912$$

となって、54912 通りとなる。

したがってスリーカードの出る確率は

$$\frac{54912}{2598960} \cong 0.021$$

となる。よって、その確率は、約 1/47 となる。

演習 3-3 ポーカーゲームにおいてフルハウスの手が出る確率を求めよ。

解) 52 枚から 5 枚のカードを選ぶ場合の数は、すでに計算したように

$$_{52}C_5 = 2598960$$

である。まず、数字に着目してフルハウスになる組合せを考える。すると

●●●□□

という数字の組合せとなる。13 個の数字からスリーカードになる数字を 1 個選ぶ方法は $_{13}C_1$ 通りであり、残りのワンペアとなる数字を選ぶ方法は $_{12}C_1$ 通りとなる。よって、数字の組合せを選ぶ方法は

$$_{13}C_1 \times _{12}C_1 = 13 \times 12 = 156$$

となって、156 通りとなる。
　つぎに、4 種類のスーツからスリーカードとなるカードを選ぶ方法は 4 種類から 3 種類を選ぶ方法となるので $_4C_3$ 通りであり、残りのワンペアでは、4 種類から 2 種類を選ぶ方法となるので $_4C_2$ 通りとなる。よって

$$_4C_3 \times _4C_2 = \frac{4!}{1!3!} \times \frac{4!}{2!2!} = 4 \times 6 = 24$$

となり 24 通りとなる。結局、フルハウスとなるカードを選ぶ方法の数は

$$156 \times 24 = 3744$$

となって、3744 通りとなる。
　したがってフルハウスの出る確率は

$$\frac{3744}{2598960} \cong 0.0014$$

となる。つまり 1/694 となる。
　ついでに、ストレートとフラッシュの出る確率も計算しておこう。このふたつの役は初心者からみると、ストレートの方が出にくく価値があるように思えるものである。
　まず、ストレートから考える。QKA23 のようなキングからエースをまたいだストレートも良いとみなすと、その可能な数字の組合せは A が先頭に来る場合から K が先頭に来る場合までの 13 通りということになる。つぎに

③④⑤⑥⑦

と数字が並んだ状態で、スーツの配し方を考える。すると、この場合は、それぞれの数字に対して4種類から1種類選べるので $_4C_1=4$ 通りとなる。よって、ストレートな場合の総数は

$$13 \times 4 \times 4 \times 4 \times 4 \times 4 = 13312$$

となる。

よって、ストレートが来る確率は

$$\frac{13312}{2598960} \cong 0.0051$$

となって、約 1/195 となる。

つぎにフラッシュを考えてみよう。この場合は、5枚のカードがすべて同じスーツになるので、例えば、スペードとすると、13枚のカードから5枚選ぶ方法の数となる。よって、$_{13}C_5$ 通りとなる。ただし、スーツは4種類あるから、フラッシュになる場合の数は

$$_{13}C_5 \times 4 = \frac{13 \times 12 \times 11 \times 10 \times 9}{5 \times 4 \times 3 \times 2} \times 4 = 5148$$

つまり、5148 通りとなる。するとフラッシュが出る確率は

$$\frac{5148}{2598960} \cong 0.0019$$

となって、約 1/505 となり、確かにストレートの確率よりも低いことが分かる。

3.2. 各事象の確率

本章で紹介したように、確率の基本は

$$確率 = \frac{ある事象の起こる場合の数}{全事象の起こる場合の数}$$

を計算することである。少し愚直と思われようとも、この方針に従って、全事象の起こる場合の数を計算したうえで、求めたい事象の場合の数を求めて除すれば、確率を計算することができる。

ただし、この方法の欠点は、場合の数が莫大な数になってしまう点である。このため、コンピュータの発達していなかった時代には、スターリング近似という方法で大きな数の計算の近似を行っている。

そこで、全事象の場合の数を計算するのではなく、個々の事象の確率を利用して、その計算をすることもある。

例えば、サイコロを4回振った時に、偶数の目が続けて4回出る確率を求めたいとしよう。この場合、サイコロの出目のパターンの全事象を計算すると

$$6^4 = 1296$$

のように、1296通りとなる。これに対し、偶数の目が出る場合の数を計算してみよう。すると、1回目に偶数の目が出るのは、2,4,6の3通りである。2回目に偶数が出るのも3通りであり、すべて3通りであるから、偶数の目が出る事象の総数は

$$3^4 = 81$$

となって、81通りとなる。よって、偶数の目が続けて4回出る確率は

$$\frac{81}{1296} = 0.0625$$

と与えられる。これが前節で紹介した手法である。もちろん、この方法でも問題がないが、次のような解法も可能となる。つまり、最初にサイコロを振って、偶数の目が出る確率は1/2である。つぎにサイコロを振って、偶数の目が出る確率は1/2であるから、結局4回続けて偶数の目が出る確率は

$$\left(\frac{1}{2}\right)^4 = \frac{1}{16} = 0.0625$$

となって、簡単に計算できる。4回程度の試行回数では、あまり優位性は感じられないが、これが10回となると大きな違いが出てくる。

確率計算においては、適宜、このような手法を使うのである。それでは、誕生日問題を、同様の手法で解いてみよう。r人のグループがあったときに、

誕生日が同じひとがいる確率を求める。この場合も余事象を利用する。つまり、すべてのひとの誕生日が異なる確率を求めるのである。

いま、r 人のうちふたりだけの誕生日が異なる確率は

$$1 - \frac{1}{365} \left(= \frac{364}{365} \right)$$

となることが分かる。つぎに、3 人目の誕生日が前のふたりと同じにならない確率は、前のふたりの誕生日を除けばよいので

$$\left(1 - \frac{1}{365}\right)\left(1 - \frac{2}{365}\right)$$

となり、4 人目の誕生日も異なる確率は

$$\left(1 - \frac{1}{365}\right)\left(1 - \frac{2}{365}\right)\left(1 - \frac{3}{365}\right)$$

となる。よって、r 人目までの誕生日が異なる確率は

$$\left(1 - \frac{1}{365}\right)\left(1 - \frac{2}{365}\right)\left(1 - \frac{3}{365}\right)\cdots\left(1 - \frac{r-1}{365}\right)$$

で与えられる。これを計算すればよい。結局、先ほどと同じではないかと思われるかもしれないが、このような式には、うまい近似式があるのである。ここで n が大きいとして

$$\left(1 - \frac{1}{n}\right)\left(1 - \frac{2}{n}\right) = 1 - \frac{1}{n} - \frac{2}{n} + \frac{2}{n^2}$$

を計算すると、分母が n^2 の項は無視できるので

$$\left(1 - \frac{1}{n}\right)\left(1 - \frac{2}{n}\right) \cong 1 - \frac{1}{n} - \frac{2}{n} = 1 - \frac{1+2}{n}$$

と近似できる。さらに

$$\left(1-\frac{1}{n}\right)\left(1-\frac{2}{n}\right)\left(1-\frac{3}{n}\right) \cong \left(1-\frac{1+2}{n}\right)\left(1-\frac{3}{n}\right) = 1-\frac{1+2}{n}-\frac{3}{n}+\frac{(1+2)3}{n^2}$$

となるが、同様に分母が n^2 の項を無視すると

$$\left(1-\frac{1}{n}\right)\left(1-\frac{2}{n}\right)\left(1-\frac{3}{n}\right) \cong 1-\frac{1+2+3}{n}$$

と近似することができる。よって

$$\left(1-\frac{1}{n}\right)\left(1-\frac{2}{n}\right)\left(1-\frac{3}{n}\right)\cdots\left(1-\frac{r-1}{n}\right) \cong 1-\frac{1+2+3+\cdots+(r-1)}{n}$$

右辺の第2項の分子は1から ($r-1$) までの和であるから

$$\left(1-\frac{1}{n}\right)\left(1-\frac{2}{n}\right)\left(1-\frac{3}{n}\right)\cdots\left(1-\frac{r-1}{n}\right) \cong 1-\frac{r(r-1)}{2n}$$

と近似することができる。これを先ほどの式に代入すると

$$\left(1-\frac{1}{365}\right)\left(1-\frac{2}{365}\right)\left(1-\frac{3}{365}\right)\cdots\left(1-\frac{r-1}{365}\right) \cong 1-\frac{r(r-1)}{730}$$

と与えられる。ここで、$r = 5, 20$ の場合を計算すると

$$1-\frac{5(5-1)}{730} = 1-\frac{20}{730} = \frac{710}{730} \cong 0.973$$
$$1-\frac{20(20-1)}{730} = 1-\frac{380}{730} = \frac{350}{730} \cong 0.48$$

となって、r が小さいうちは良い近似が得られる。ただし、この方法では、r の値が大きくなると、近似が良くない。大体にして、r が26以上になると意味がなくなる。そこで、r が大きいときの良い近似を得るためには

$$p = \left(1-\frac{1}{365}\right)\left(1-\frac{2}{365}\right)\left(1-\frac{3}{365}\right)\cdots\left(1-\frac{r-1}{365}\right)$$

の両辺の対数をとる。すると

$$\ln p = \ln\left(1 - \frac{1}{365}\right) + \ln\left(1 - \frac{2}{365}\right) + \ln\left(1 - \frac{3}{365}\right) + \cdots + \ln\left(1 - \frac{r-1}{365}\right)$$

となるが、$\ln(1+x)$ の展開式

$$\ln(1+x) = x - \frac{1}{2}x^2 + \frac{1}{3}x^3 - \frac{1}{4}x^4 + \cdots \quad (-1 < x \leq 1)$$

を思い出して、x^2 以降の項を無視すると

$$\ln p \cong \left(-\frac{1}{365}\right) + \left(-\frac{2}{365}\right) + \left(-\frac{3}{365}\right) + \cdots + \left(-\frac{r-1}{365}\right)$$

と近似できる。よって

$$\ln p \cong -\frac{r(r-1)}{730}$$

となる。

演習3-4　人数が20人と50人のグループにおいて、誕生日が誰ひとりとして一緒にならない確率を求めよ。

解）　この確率の近似式として

$$\ln p \cong -\frac{r(r-1)}{730}$$

が与えられている。この式に、$r = 20, 50$ を代入すると

$$\ln p(r = 20) = -\frac{20(20-1)}{730} = -0.52$$

となり

$$p(r = 20) = \exp(-0.52) \cong 0.59$$

また、$r = 50$ の場合は

$$\ln p(r=50) = -\frac{50(50-1)}{730} = -3.36$$

となり

$$p(r=50) = \exp(-3.36) \cong 0.035$$

となる。

　いずれにせよ確率を計算する場合には、すべての事象の場合の数を求め、つぎにある事象が起こる場合の数を求めて、その比から確率を計算する方法と、確率の積の法則や和の法則を利用して、個々の確率を求めていく2通りの計算方法がある。実際の計算には、どちらか便利な方法を採用すれば良いのである。

第4章　確率分布と確率変数

4.1. 確率変数

　確率を数学的に取り扱う場合に、事象ごとにある実数を対応させると便利な場合が多い。この時、事象に対応した実数を変数とみなし、このような変数を**確率変数** (stochastic variable) と呼んでいる。日本語では同じであるが、英語では確率変数を random variable と呼ぶこともある。

　例えば、サイコロを 1 回振るという事象を考えた場合、サイコロの出目に応じて、整数の 1 から 6 までを選ぶと、これが確率変数となる。もちろん、15, 16, 17, 18, 19, 20 のように 1 対 1 の対応が得られるならば、他の実数を充ててもよいが、混乱するだけである。

　確率変数の場合、通常の変数と区別して大文字で表記することが多い。例えば、サイコロの出目の数を確率変数とすると

$$p(X=1) = \frac{1}{6}$$

というように表記する。

　コインを 1 回だけ投げる場合には、全事象としては表 (head) がでるか、裏 (tail) が出るかの 2 通りしかない。そこで、表に対応して 1 を、裏に対応して 0 を確率変数として対応させる。すると

$$p(X=1) = \frac{1}{2} \qquad p(X=0) = \frac{1}{2}$$

となる。確率変数は、体重や身長のように、実際に実数として直接変数に成り得るものや、コイン投げの場合のように、数字には直接対応しない事象に、ある数字を対応させる場合がある。

　このように、事象に対して確率変数を対応させると数学的な取り扱いが

可能となるので便利である。また、事象を整理することも可能である。例えば、コイン投げの例で、コインを 5 回投げた場合の事象を確率変数に対応させると、

$$X = 0 \quad \text{5 回すべて裏が出る。}$$
$$X = 1 \quad \text{1 回だけ表が出る。}$$
$$\cdots$$
$$X = 5 \quad \text{5 回すべて表が出る。}$$

というような整理をすることができる。

　確率変数は、サイコロの出目のように飛び飛びの値を取ることもできるし、連続の場合もある。飛び飛びの確率変数を**離散型確率変数** (discrete stochastic variable) と呼ぶ。一方、連続の場合の確率変数を**連続型確率変数** (continuous stochastic variable) と呼ぶ。例えば身長や体重などは、原理的にはどのような実数値もとることができるので、連続型確率変数となる。

　このように、確率変数という考え方を導入すると、ある確率変数に対応した確率が与えられる。つまり、確率変数に対して、ある確率が対応することになる。例えば、サイコロの出目を確率変数とすると、確率変数 $X = 1$ に 1/6 という確率が対応する。これは一種の**関数** (function) と同じものと考えられるので

$$f(1) = p(X = 1) = \frac{1}{6}$$

という対応関係にある。これを**確率密度関数** (probability density function) と呼んでいる。

　離散型確率変数に対応した確率密度関数の場合、変数が n 個あって

$$p(X = x_i) = p_i \quad (i = 1, 2, 3, \cdots, n)$$

という関係にある時

$$f(x) = \begin{cases} p_i & (x = x_i) \quad (i = 1, 2, 3, \cdots, n) \\ 0 & (x \neq x_i) \end{cases}$$

と書くことができる。当然ではあるが、確率密度関数も離散的となる。

確率変数が連続型の場合にも、確率密度関数を考えることができる。ただし、連続型変数 (continuous variable) に対応した確率密度関数において、確率計算する場合には、離散型変数とは少し異なる点がある。

まず、この確率密度関数 $f(x)$ が満足すべき条件として、離散型変数の場合

$$\sum_{i=1}^{n} f(x_i) = 1 \qquad f(x_i) \geq 0$$

連続型変数の場合

$$\int_{-\infty}^{+\infty} f(x)dx = 1 \qquad f(x) \geq 0$$

が挙げられる。確率密度関数として実際の確率計算において意味があるかどうかは別にして、この条件を満足さえすれば、それは、なんらかの確率分布に対応した確率密度関数となるのである。この条件を満たす関数はいくらでもあるから、原理的には確率密度関数は無数にあるということになる。

それでは、どうして、このような条件が付加されるのかを考えてみよう。まず、確率が負になることはないから、$f(x) \geq 0$ という条件がつく。次に、確率を全空間で足し合わせれば1になるが、これを和で表したものが

$$\sum_{i=1}^{n} f(x_i) = 1$$

積分形で表現したものが

$$\int_{-\infty}^{+\infty} f(x)dx = 1$$

という条件なのである。

演習 4-1　つぎの関数が確率密度関数となるように、定数 c の値を求めよ。

$$f(x) = c \qquad (a \leq x \leq b)$$

解） 確率密度関数の条件から、まず

$$f(x) = c \geq 0$$

となる。つぎに

$$\int_{-\infty}^{+\infty} f(x)dx = \int_a^b cdx = [cx]_a^b = c(b-a) = 1$$

より

$$c = \frac{1}{b-a} \qquad f(x) = \frac{1}{b-a}$$

となる。

いまの演習で求めた確率密度関数は、ある範囲で確率が常に一定となるので、このような確率分布を一様分布と呼んでいる。

演習 4-2 つぎの関数が確率密度関数となるように、定数 c の値を求めよ。

$$\begin{cases} f(x) = ce^{-x} & (x \geq 0) \\ f(x) = 0 & (x < 0) \end{cases}$$

解） 確率密度関数の条件から、まず

$$f(x) = ce^{-x} \geq 0 \qquad c \geq 0$$

となる。つぎに

$$\int_{-\infty}^{+\infty} f(x)dx = \int_0^{+\infty} c\exp(-x)dx = [-c\exp(-x)]_0^{+\infty} = c = 1$$

より

$$c = 1 \qquad f(x) = \exp(-x)$$

となる。

このような確率分布を指数分布と呼んでいる。行列の待ち時間や、特定の製品の寿命が、この確率密度関数で与えられることが知られている。より一般的には、指数分布は

$$\begin{cases} f(x) = c \exp(-\lambda x) & (x \geq 0) \\ f(x) = 0 & (x < 0) \end{cases}$$

となる。この場合は

$$\int_{-\infty}^{+\infty} f(x)dx = \int_0^{+\infty} c \exp(-\lambda x)dx = \left[c \frac{\exp(-\lambda x)}{-\lambda} \right]_0^{+\infty} = \frac{c}{\lambda} = 1$$

となり、指数分布の確率密度関数の一般式は

$$f(x) = \lambda \exp(-\lambda x)$$

となる。

ここで、離散型変数と異なり、連続型変数の場合は

$$p(X = x_i) \neq f(x_i)$$

という事実を認識する必要がある。連続型変数では、ある1点の確率を求めることはできずに、必ずある範囲に確率変数が入る確率でなければならない。この時、確率は

$$p(a \leq x \leq b) = \int_a^b f(x)dx$$

で表現できる。この関係を考えるために $p(a \leq x \leq b)$ を確率という観点で整理してみよう。すると

$$p(a \leq x \leq b) = \frac{a \leq x \leq b の範囲にある数}{-\infty \leq x \leq +\infty の範囲にある数}$$

という関係にある。これを積分で示せば

$$p(a \leq x \leq b) = \frac{\int_a^b f(x)dx}{\int_{-\infty}^{+\infty} f(x)dx}$$

となる。ただし、今の場合

$$\int_{-\infty}^{+\infty} f(x)dx = 1$$

であるので、結局

$$p(a \leq x \leq b) = \int_a^b f(x)dx$$

となるのである。この定義にしたがうと

$$p(a \leq x \leq a) = p(x = a) = \int_a^a f(x)dx = 0$$

となり、連続型変数では、ある点での確率を考えることが無意味となってしまうのである。

4.2. 期待値

サイコロ (dice) を振った時、1 から 6 すべての数字の出る確率は同じである。

ここで、出る目の数を確率変数 x とし、その確率を $f(x)$ と書いてみよう。すると

$$f(1) = \frac{1}{6} \quad f(2) = \frac{1}{6} \quad f(3) = \frac{1}{6}$$

$$f(4) = \frac{1}{6} \quad f(5) = \frac{1}{6} \quad f(6) = \frac{1}{6}$$

と書くことができる。ここで、$f(x)$ の和を計算してみよう。すると

$$\sum_{i=1}^{6} f(x_i) = f(1) + f(2) + f(3) + f(4) + f(5) + f(6) = 1$$

となって 1 となる。起こり得る確率を全部足せば 1 になるのは当然である。

それでは次に、x と $f(x)$ をかけて、その和をとってみよう。すると

$$\sum_{i=1}^{6} x_i f(x_i) = 1f(1) + 2f(2) + 3f(3) + 4f(4) + 5f(5) + 6f(6)$$

$$= \frac{1+2+3+4+5+6}{6} = \frac{21}{6} = 3.5$$

となる。これは、出る目の数に確率をかけて足したもの（確率変数に確率密度関数をかけて足したもの）であるが、専門的には**期待値** (expectation value) と呼んでいる。これをなぜ期待値と呼ぶのかを簡単な例で確認してみよう。

いま1本100円の宝くじがあり、1等賞金が1万円、2等賞金が1000円、3等賞金が500円とする。ただし、宝くじの枚数は全部で1000枚あり、1等は1枚、2等は10枚、3等は50枚とする。すると、1等のあたる確率は1/1000、2等のあたる確率は10/1000 (=1/100)、3等のあたる確率は50/1000 (=1/20) となり、はずれる確率は939/1000となる。ここで期待値を計算すると

$$\sum_{i=1}^{n} x_i f(x_i) = 10000 f(10000) + 1000 f(1000) + 500 f(500)$$

$$= 10000 \frac{1}{1000} + 1000 \frac{1}{100} + 500 \frac{1}{20} + 0 \frac{939}{1000} = 10 + 10 + 25 = 45$$

となり、これは100円の宝くじを買ったときに、もらえる可能性がある金額になる。つまり、この宝くじでは1本あたり45円を期待してよいことになる。これが期待値と呼ばれる所以である。

演習 4-3 サイコロを振って、1の目が出たら1200円、6の目が出たら300円、それ以外の目が出たらはずれ（0円）の場合の期待値を求めよ。

解） 1の目が出る確率は1/6、6の目が出る確率は1/6、それ以外の目が出る確率は4/6=2/3であるから、期待値は

$$1200 \times \frac{1}{6} + 300 \times \frac{1}{6} + 0 \times \frac{2}{3} = 200 + 50 = 250$$

となって、期待値は 250 円となる。

よって、このゲームで客から 300 円とれば胴元は儲かるということになる。公営ギャンブルでは、国はもっと儲かる仕組みになっている。

ただし、いま紹介した期待値は、正式には当たり金額を確率変数 x とした時の「x の期待値」と呼ばれるものである。「期待値」の英語の "expectation value" の頭文字 E を使って $E[x]$、あるいは$<x>$と表記する場合もある。

例えば、x^2 の期待値（$E[x^2]$）というものも考えることができ、サイコロの出目の数を確率変数とした例では

$$E[x^2] = \sum_{i=1}^{6} x_i^2 f(x_i) = 1^2 f(1) + 2^2 f(2) + 3^2 f(3) + 4^2 f(4) + 5^2 f(5) + 6^2 f(6)$$
$$= \frac{1+4+9+16+25+36}{6} = \frac{91}{6} = 15.17$$

となる。この例の他にもいろいろな変数の期待値を求めることができる。一般に関数 $\phi(x)$ の期待値は

$$E[\phi(x)] = \sum_{i=1}^{n} \phi(x_i) f(x_i)$$

と与えられる。

その例を紹介する前に、サイコロの目の平均値 ($\bar{x}$) を求めると

$$\bar{x} = \frac{1+2+3+4+5+6}{6} = 3.5$$

となって、x の期待値と一致している。これは何も偶然ではなく、x にそれが出る確率をかけて足したものは、x の平均値となる。

$$\bar{x} = E[x]$$

後ほど紹介するが、これは何もサイコロの例だけではなく、すべての確率分布で成立する事実である。

それでは、ここで$\phi(x) = (x-\bar{x})^2$の期待値を計算してみよう。すると

$$\begin{aligned}
E[(x-\bar{x})^2] &= \sum_{i=1}^{6}(x_i-\bar{x})^2 f(x_i) \\
&= (1-3.5)^2 f(1) + (2-3.5)^2 f(2) + (3-3.5)^2 f(3) \\
&\quad + (4-3.5)^2 f(4) + (5-3.5)^2 f(5) + (6-3.5)^2 f(6) \\
&= \frac{17.5}{6} \cong 2.9
\end{aligned}$$

となるが、実はこの値は**分散** (variance) と呼ばれる値に対応する。分散について簡単にその意味を考えてみる。いま

$$\{x \mid x = 1, 2, 3, 4, 5, 6\}$$

という集合を考える。この時、この成分の平均は

$$\bar{x} = \frac{1+2+3+4+5+6}{6} = 3.5$$

となる。各成分と、平均値の差の平方和をとり、それを成分の数で割ったものを、この集合の分散と呼んでいる。具体的には

$$\sigma^2 = \frac{\sum_{i=1}^{6}(x_i-\bar{x})^2}{6} = \frac{(1-3.5)^2 + (2-3.5)^2 + \cdots + (6-3.5)^2}{6} \cong 2.9$$

となる。これは、この集合が平均を中心にして、どの程度ばらついているか、つまり分散しているかを知る指標となるので、分散と呼んでいる。ちなみに、この平方根は**標準偏差** (standard deviation) と呼ばれる。

ところで、いま求めた分散は、$\phi(x) = (x-\bar{x})^2$ の期待値と一致する。つまり、関数$\phi(x)$の期待値は分散となるのである。これは、すべての確率分布に共通している。

ところで、いま紹介した例では、出る目の確率がすべて同じであったが

$$f(1) = \frac{1}{12} \quad f(2) = \frac{2}{12} \quad f(3) = \frac{3}{12} \quad f(4) = \frac{3}{12} \quad f(5) = \frac{2}{12} \quad f(6) = \frac{1}{12}$$

のように、確率が違っている場合はどうなるであろうか。この場合もまったく同様の手法で期待値を計算することができ

$$E[x] = \sum_{i=1}^{6} x_i f(x_i) = 1f(1) + 2f(2) + 3f(3) + 4f(4) + 5f(5) + 6f(6)$$

$$= \frac{1+4+9+12+10+6}{12} = \frac{42}{12} = 3.5$$

$$E[(x-\bar{x})^2] = \sum_{i=1}^{6}(x_i - \bar{x})^2 f(x_i)$$

$$= (1-3.5)^2 f(1) + (2-3.5)^2 f(2) + (3-3.5)^2 f(3)$$
$$+ (4-3.5)^2 f(4) + (5-3.5)^2 f(5) + (6-3.5)^2 f(6)$$

$$= \frac{23}{12} \cong 1.9$$

となる。実は、これら期待値は

$$1, 2, 2, 3, 3, 3, 4, 4, 4, 5, 5, 6$$

という要素の数が12個の集団の平均および分散となっている。実際に計算してみると

$$\bar{x} = \frac{1+2+2+3+3+3+4+4+4+5+5+6}{12} = \frac{42}{12} = 3.5$$

$$s^2 = \sum_{i=1}^{n} \frac{(x_i - \bar{x})^2}{n} = \frac{(x_1 - 3.5)^2 + (x_2 - 3.5)^2 + \cdots + (x_{12} - 3.5)^2}{12}$$

$$= \frac{(1-3.5)^2 + (2-3.5)^2 + \cdots + (6-3.5)^2}{12} = \frac{23}{12} \cong 1.9$$

となって確かに同じ値が得られる。

実は、この集団から、任意の標本を取り出して、それが3である確率が3/12（=$f(3)$）、6である確率が1/12 (=$f(6)$) となっているのである。この集団の**度数分布** (frequency distribution) をグラフにすれば図4-1のようになるが、このグラフの値つまり**度数** (frequency) を成分の総数で割った値は、その標本の存在確率となる。度数が多いということは、この集団から任意の成分を取り出すときに、その確率が高いということに対応している。そし

度数

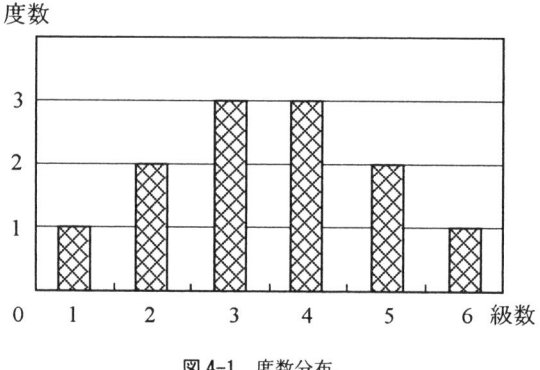

図4-1 度数分布。

て当然のことながら、確率分布において、すべての $f(x)$ を足せば1になる。

演習 4-4 2個のサイコロを投げた場合の出る目の和を確率変数 x としたとき、x および $\phi(x) = (x - \bar{x})^2$ の期待値を求めよ。（ただし $\bar{x}$ は平均値である。）

解） 2個のサイコロを投げた場合の出目の数の和と、その数字が出るサイコロの出目の組合せおよび頻度を順次取り出してみると

出目の和	出目のパターン						頻度
2	(1, 1)						1
3	(1, 2)	(2, 1)					2
4	(1, 3)	(2, 2)	(3, 1)				3
5	(1, 4)	(2, 3)	(3, 2)	(4, 1)			4
6	(1, 5)	(2, 4)	(3, 3)	(4, 2)	(5, 1)		5
7	(1, 6)	(2, 5)	(3, 4)	(4, 3)	(5, 2)	(6, 1)	6
8	(2, 6)	(3, 5)	(4, 4)	(5, 3)	(6, 2)		5
9	(3, 6)	(4, 5)	(5, 4)	(6, 3)			4
10	(4, 6)	(5, 5)	(6, 4)				3
11	(5, 6)	(6, 5)					2
12	(6, 6)						1

となる。うまい具合に、この図自体がすでに度数分布表となっている。すべての取り得る総数は36通りであるから、出目の和を確率変数とした時の確率は

$$f(2) = \frac{1}{36} \quad f(3) = \frac{2}{36} \quad f(4) = \frac{3}{36} \quad f(5) = \frac{4}{36} \quad f(6) = \frac{5}{36} \quad f(7) = \frac{6}{36}$$

$$f(8) = \frac{5}{36} \quad f(9) = \frac{4}{36} \quad f(10) = \frac{3}{36} \quad f(11) = \frac{2}{36} \quad f(12) = \frac{1}{36}$$

となる。よって、x の期待値は

$$E[x] = \sum x f(x) = 2 \times \frac{1}{36} + 3 \times \frac{2}{36} + \cdots + 12 \times \frac{1}{36} = \frac{252}{36} = 7.0$$

となる。また、$\phi(x) = (x - \bar{x})^2$ の期待値は

$$E[(x - \bar{x})^2] = \sum (x - \bar{x})^2 f(x)$$
$$= (2 - 7.0)^2 \times \frac{1}{36} + (3 - 7.0)^2 \times \frac{2}{36} + \cdots + (12 - 7.0)^2 \times \frac{1}{36} = \frac{210}{36} \cong 5.83$$

となる。

　これは、確率を主体に考えた整理方法であるが、統計的な側面を前面に出せば、出目の和が 2 の成分が 1 個、3 の成分が 2 個、4 の成分が 3 個といったように確率変数の頻度の数だけ、その成分を含んだ集団

$$2, 3, 3, 4, 4, 4, 5, 5, 5, 5, 6, 6, 6, 6, 6, 7, 7, 7, 7, 7, 7,$$
$$8, 8, 8, 8, 8, 9, 9, 9, 9, 10, 10, 10, 11, 11, 12$$

を統計的に処理する操作に相当する。そこで、まずこの集団の平均をとると、全部で 36 個の標本からなり、総和が 252 であるから

$$\bar{x} = \frac{252}{36} = 7.0$$

となって、演習で行った確率変数 x の期待値 $E[x]$ と一致することが分かる。
　それでは、この数グループの分散を計算してみよう。分散は

$$\sigma^2 = \sum_i^n \frac{(x_i - \bar{x})^2}{n} = \frac{(2-7.0)^2 + (3-7.0)^2 + \ldots + (12-7.0)^2}{36} \cong 5.83$$

となって、演習で求めた期待値と一致する。つまり

$$\sigma^2 = E[(x-\bar{x})^2]$$

という関係にある。

この考えは、分布が離散的ではなく連続型変数 (continuous variable) にも適用できる。この場合の確率変数 x の期待値は

$$E[x] = \int_{-\infty}^{+\infty} x f(x) dx$$

と与えられる。これは、確率密度関数 $f(x)$ の確率分布における x の平均値 (μ) に相当する。同様にして

$$E[(x-\mu)^2] = \int_{-\infty}^{+\infty} (x-\mu)^2 f(x) dx$$

は、この分布の分散を与えることになる。

演習 4-5 分散が
$$E[(x-\mu)^2] = E[x^2] - \mu^2$$
で与えられることを示せ。

解) 散は $(x-\mu)^2$ の期待値であるから

$$E[(x-\mu)^2] = \int_{-\infty}^{+\infty} (x-\mu)^2 f(x) dx$$

で与えられる。よって

$$E[(x-\mu)^2] = \int_{-\infty}^{+\infty}(x^2 - 2x\mu + \mu^2)f(x)dx$$

$$= \int_{-\infty}^{+\infty}x^2 f(x)dx - 2\mu\int_{-\infty}^{+\infty}xf(x)dx + \mu^2\int_{-\infty}^{+\infty}f(x)dx = E[x^2] - 2\mu E[x] + \mu^2$$

ここで $E[x] = \mu$ であるから

$$E[(x-\mu)^2] = E[x^2] - \mu^2$$

となる。

確率分布の特徴をみる場合に、平均とともに分散は重要な指標である。分散は英語では variance と呼ぶため、分散を $V[x]$ あるいは $var[x]$ と表記することもある。あるいは確率変数ということを強調して $V[X]$ とも書く。よって

$$V[x] = E[x^2] - \mu^2$$

あるいは

$$V[x] = E[x^2] - (E[x])^2$$

と書くことができる。

演習 4-6 指数分布に対応したつぎの確率密度関数の平均と分散を求めよ。

$$\begin{cases} f(x) = \lambda\exp(-\lambda x) & (x \geq 0) \\ f(x) = 0 & (x < 0) \end{cases}$$

解) まず、x の期待値、すなわち平均は

$$\int_{-\infty}^{+\infty}xf(x)dx = \int_{0}^{+\infty}x\lambda\exp(-\lambda x)dx$$

で与えられる。ここで部分積分を使うと

$$\int_0^{+\infty} x\lambda \exp(-\lambda x)dx = \left[-\frac{x}{\exp(\lambda x)}\right]_0^{+\infty} + \int_0^{+\infty} \exp(-\lambda x)dx$$

となり

$$\lim_{x \to \infty} \frac{x}{\exp(\lambda x)} = \lim_{x \to \infty} \frac{(x)'}{(\exp(\lambda x))'} = \lim_{x \to \infty} \frac{1}{\lambda \exp(\lambda x)} = 0$$

であるから

$$\int_0^{+\infty} x\lambda \exp(-\lambda x)dx = \int_0^{+\infty} \exp(-\lambda x)dx = \left[-\frac{\exp(-\lambda x)}{\lambda}\right]_0^{+\infty} = \frac{1}{\lambda}$$

となる。つぎに、分散を計算するために、まず x^2 の期待値を計算すると

$$\int_{-\infty}^{+\infty} x^2 f(x)dx = \int_0^{+\infty} x^2 \lambda \exp(-\lambda x)dx$$

で与えられる。部分積分を使うと

$$\int_0^{+\infty} x^2 \lambda \exp(-\lambda x)dx = \left[-\frac{x^2}{\exp(\lambda x)}\right]_0^{+\infty} + \int_0^{+\infty} 2x \exp(-\lambda x)dx$$

となるが、第1項は0であり、第2項は、再び部分積分を使うと

$$\int_0^{+\infty} 2x \exp(-\lambda x)dx = \left[-\frac{2x}{\lambda \exp(\lambda x)}\right]_0^{+\infty} + 2\int_0^{+\infty} \frac{\exp(-\lambda x)}{\lambda} dx$$

$$= 2\left[-\frac{\exp(-\lambda x)}{\lambda^2}\right]_0^{+\infty} = \frac{2}{\lambda^2}$$

ここで分散は

$$V[x] = E[x^2] - (E[x])^2 = \frac{2}{\lambda^2} - \left(\frac{1}{\lambda}\right)^2 = \frac{1}{\lambda^2}$$

となる。

第5章　2項分布

5.1. 繰り返し試行の確率

サイコロを1回振って1の目が出る確率はいくつであろうか。確率は

$$確率 = \frac{ある事象の起こる場合の数}{全事象の起こる場合の数}$$

で与えられる。ここで、サイコロを振ったときに出る目の数の総数は6通りであり、1の目が出る数は1通りであるから

$$1の目が出る確率 = \frac{1}{6}$$

となる。

同様にして、2の目が出る確率も1/6、他の目が出る確率もすべて1/6となる。

それでは、サイコロを2回振って、1の目が出る回数を確率変数Xとした場合に、その確率変数の確率はどうであろうか。この場合にはいくつかのパターンを考える必要がある。

$X = 0$　　1回目も2回目も1以外の目が出る
$X = 1$　　1回目に1の目が出て、2回目にその他の目が出る
　　　　　あるいは
　　　　　1回目に他の目が出て、2回目に1の目が出る
$X = 2$　　1回目も2回目も1の目が出る

が考えられる。これを確率として考えると、$X = 0$ に対応した確率は、1回目に1以外の目が出る確率は5/6であり、2回目にも1以外の目が出る確率

は 5/6 であるから、

$$\frac{5}{6} \times \frac{5}{6} = \frac{25}{36}$$

である。よって

$$f(0) = \frac{25}{36}$$

となる。
　同様にして 1 回目に 1 が出て、2 回目で 1 以外の目が出る確率は

$$\frac{1}{6} \times \frac{5}{6} = \frac{5}{36}$$

1 回目に 1 以外の目が出て、2 回目で 1 の目が出る確率は

$$\frac{5}{6} \times \frac{1}{6} = \frac{5}{36}$$

となるので

$$f(1) = \frac{5}{36} + \frac{5}{36} = \frac{10}{36}$$

となる。最後に 1 回目も 2 回目も 1 の目が出る確率は

$$\frac{1}{6} \times \frac{1}{6} = \frac{1}{36}$$

となる。よって

$$f(2) = \frac{1}{36}$$

確率変数としては、この 3 個しかない。実際

$$f(0) + f(1) + f(2) = \frac{25}{36} + \frac{10}{36} + \frac{1}{36} = 1$$

となって、確率の総和が 1 となっている。
　それでは、サイコロを 3 回振って、1 の目が出る回数に対応させて確率変数に 0 から 3 を当てはめたらどうなるであろうか。

第5章 2項分布

$$f(0) = \frac{5}{6} \times \frac{5}{6} \times \frac{5}{6} = \frac{125}{216}$$

$$f(1) = \frac{1}{6} \times \frac{5}{6} \times \frac{5}{6} + \frac{5}{6} \times \frac{1}{6} \times \frac{5}{6} + \frac{5}{6} \times \frac{5}{6} \times \frac{1}{6} = \frac{75}{216}$$

$$f(2) = \frac{1}{6} \times \frac{1}{6} \times \frac{5}{6} + \frac{5}{6} \times \frac{1}{6} \times \frac{1}{6} + \frac{1}{6} \times \frac{5}{6} \times \frac{1}{6} = \frac{15}{216}$$

$$f(3) = \frac{1}{6} \times \frac{1}{6} \times \frac{1}{6} = \frac{1}{216}$$

となる。そして

$$f(0) + f(1) + f(2) + f(3) = \frac{125}{216} + \frac{75}{216} + \frac{15}{216} + \frac{1}{216} = 1$$

となって、確率をすべて足せば 1 になる。同じようにして、サイコロを振る回数を増やし、1 の目が出る回数を確率変数に対応させれば、同じような計算で確率分布を求めることができる。

　少々大変ではあるが、4 回サイコロを投げた場合の確率も計算してみる。すると

$$f(0) = \frac{5}{6} \times \frac{5}{6} \times \frac{5}{6} \times \frac{5}{6} = \frac{625}{1296}$$

$$f(1) = \frac{1}{6} \times \frac{5}{6} \times \frac{5}{6} \times \frac{5}{6} + \frac{5}{6} \times \frac{1}{6} \times \frac{5}{6} \times \frac{5}{6} + \frac{5}{6} \times \frac{5}{6} \times \frac{1}{6} \times \frac{5}{6} + \frac{5}{6} \times \frac{5}{6} \times \frac{5}{6} \times \frac{1}{6} = \frac{500}{1296}$$

$$f(2) = \frac{1}{6} \times \frac{1}{6} \times \frac{5}{6} \times \frac{5}{6} + \frac{1}{6} \times \frac{5}{6} \times \frac{1}{6} \times \frac{5}{6} + \frac{1}{6} \times \frac{5}{6} \times \frac{5}{6} \times \frac{1}{6} + \frac{5}{6} \times \frac{1}{6} \times \frac{1}{6} \times \frac{5}{6}$$
$$+ \frac{5}{6} \times \frac{1}{6} \times \frac{5}{6} \times \frac{1}{6} + \frac{5}{6} \times \frac{5}{6} \times \frac{1}{6} \times \frac{1}{6} = \frac{150}{1296}$$

$$f(3) = \frac{1}{6} \times \frac{1}{6} \times \frac{1}{6} \times \frac{5}{6} + \frac{1}{6} \times \frac{1}{6} \times \frac{5}{6} \times \frac{1}{6} + \frac{1}{6} \times \frac{5}{6} \times \frac{1}{6} \times \frac{1}{6} + \frac{5}{6} \times \frac{1}{6} \times \frac{1}{6} \times \frac{1}{6} = \frac{20}{1296}$$

$$f(4) = \frac{1}{6} \times \frac{1}{6} \times \frac{1}{6} \times \frac{1}{6} = \frac{1}{1296}$$

と与えられる。このまま、延々と同じことを繰り返せばよいのだが、これではあまりにも効率が悪い。何か規則性はないのであろうか。そこで、い

まサイコロを 4 回投げた場合に、確率変数が $X = 1$ となる場合を見てみよう。その確率は

$$f(1) = \underbrace{\frac{1}{6} \times \frac{5}{6} \times \frac{5}{6} \times \frac{5}{6}} + \underbrace{\frac{5}{6} \times \frac{1}{6} \times \frac{5}{6} \times \frac{5}{6}} + \underbrace{\frac{5}{6} \times \frac{5}{6} \times \frac{1}{6} \times \frac{5}{6}} + \underbrace{\frac{5}{6} \times \frac{5}{6} \times \frac{5}{6} \times \frac{1}{6}} = \frac{500}{1296}$$

と与えられる。これを見ると、4 個の成分の足し算となっており、その成分の積そのものは、かける順番は違っているものの、すべて同じ数字の組合せのかけ算となっている。これは $X = 1$ の場合だけでなく、他のすべての確率変数に対しても同じことが言える。

この成分の数 4 は何に対応するのであろうか。これは、4 個の中から 1 個を選ぶ方法である。つまり、4 回サイコロを振ったときに、何回目に 1 の目が出るかを選ぶ方法の数となる。よって、つぎの図のどの位置に 1 を置くかという問題に還元できる。

○　○　○　○

これを、別な視点で見れば、サイコロを投げる回数を（1、2、3、4）として、4 個から 1 個を選ぶ方法の数となる。よって

$$_4C_1 = \frac{4!}{1!3!} = 4$$

で与えられる。その後につづく成分は、すべて同じかたちの積で

$$\frac{1}{6} \times \frac{5}{6} \times \frac{5}{6} \times \frac{5}{6} = \frac{125}{1296}$$

となっている。これは書きかえると

$$\frac{1}{6} \times \left(\frac{5}{6}\right)^3$$

となる。これはサイコロの目が 4 回のうち 1 回だけが 1 の目で、残り 3 回が 1 以外の目になるという確率と考えられる。以上をまとめると

$$f(1) = {}_4C_1 \left(\frac{1}{6}\right)\left(\frac{5}{6}\right)^3$$

と与えられる。

つぎに、1の目が2回出る場合の確率を見てみよう。

$$f(2) = \underbrace{\frac{1}{6} \times \frac{1}{6} \times \frac{5}{6} \times \frac{5}{6}}_{} + \underbrace{\frac{1}{6} \times \frac{5}{6} \times \frac{1}{6} \times \frac{5}{6}}_{} + \underbrace{\frac{1}{6} \times \frac{5}{6} \times \frac{5}{6} \times \frac{1}{6}}_{} + \underbrace{\frac{5}{6} \times \frac{1}{6} \times \frac{1}{6} \times \frac{5}{6}}_{}$$

$$+ \underbrace{\frac{5}{6} \times \frac{1}{6} \times \frac{5}{6} \times \frac{1}{6}}_{} + \underbrace{\frac{5}{6} \times \frac{5}{6} \times \frac{1}{6} \times \frac{1}{6}}_{} = \frac{150}{1296}$$

この場合は6個の成分の和となっている。これは、4回の中から1の目が出る2回をどのように配置するかの組合せの総数となっている。つまり

○　○　○　○

の4個の位置から2個を選んで、1の目を配する方法の数となる。

別の視点で見れば、サイコロを投げる回数を $(1, 2, 3, 4)$ として、この数字から2個の組合せを選ぶ方法の数となる。例えば、$(2, 3)$ と $(3, 2)$ を選んでも同じことなので、組合せとなることが分かるであろう。よって

$$_4C_2 = \frac{4!}{2!2!} = \frac{4 \times 3}{2 \times 1} = 6$$

となり、確かに6個となっている。

その後につづく積は、すべて同じもので

$$\frac{1}{6} \times \frac{1}{6} \times \frac{5}{6} \times \frac{5}{6} = \frac{25}{1296}$$

のかたちをした積である。これは書きかえると

$$\left(\frac{1}{6}\right)^2 \times \left(\frac{5}{6}\right)^2$$

となる。これは4回のうち2回が1の目、残り2回が1以外の目になると

いう確率と考えられる。結局、1の目が2回出る確率は

$$f(2) = {}_4C_2 \left(\frac{1}{6}\right)^2 \left(\frac{5}{6}\right)^2$$

と与えられる。この表現方法で、すべての確率をまとめると

$$f(0) = {}_4C_0 \left(\frac{1}{6}\right)^0 \left(\frac{5}{6}\right)^4 \quad f(1) = {}_4C_1 \left(\frac{1}{6}\right)^1 \left(\frac{5}{6}\right)^3 \quad f(2) = {}_4C_2 \left(\frac{1}{6}\right)^2 \left(\frac{5}{6}\right)^2$$

$$f(3) = {}_4C_3 \left(\frac{1}{6}\right)^3 \left(\frac{5}{6}\right)^1 \quad f(4) = {}_4C_4 \left(\frac{1}{6}\right)^4 \left(\frac{5}{6}\right)^0$$

となる。

ここで、今考えている**確率変数**（random variable）は**離散型**（discrete type）である。そして、離散型確率変数 X がとる確率を p として、その確率が

$$p(X = x) = {}_nC_x p^x (1-p)^{n-x}$$

で与えられるとき、この確率変数は **2項分布** (binomial distribution) に従うという。Binomial の頭文字の Bin をとって $Bin(n, p)$ と表記する。

2項分布に従うケースは山のようにあるが、その代表がコイン投げである。コイン投げはギャンブルに使われたり、何かを決定するときに、表 (head) が出るか裏 (tail) が出るかで決着をつける。ここでコインを10回投げたときに、表が出る回数を確率変数 X とすると

$$p(X = x) = f(x) = {}_{10}C_x \left(\frac{1}{2}\right)^x \left(1 - \frac{1}{2}\right)^{10-x} = {}_{10}C_x \left(\frac{1}{2}\right)^x \left(\frac{1}{2}\right)^{10-x}$$

が確率密度関数となる。このコイン投げは $Bin\left(10, \frac{1}{2}\right)$ の2項分布に従うことになる。

演習 5-1　コインを3回投げたとき、表が出る回数を確率変数 X として、その確率を求めよ。

解) この確率分布は2項分布に従い、その一般式は

$$p(X=x) = f(x) = {}_3C_x \left(\frac{1}{2}\right)^x \left(1-\frac{1}{2}\right)^{3-x} = {}_3C_x \left(\frac{1}{2}\right)^x \left(\frac{1}{2}\right)^{3-x}$$

と与えられる。よって

$$f(0) = {}_3C_0 \left(\frac{1}{2}\right)^0 \left(\frac{1}{2}\right)^{3-0} = \frac{3!}{0!3!} 1 \left(\frac{1}{2}\right)^3 = \frac{1}{8}$$

$$f(1) = {}_3C_1 \left(\frac{1}{2}\right)^1 \left(\frac{1}{2}\right)^{3-1} = \frac{3!}{1!2!} \left(\frac{1}{2}\right) \left(\frac{1}{2}\right)^2 = \frac{3}{8}$$

$$f(2) = {}_3C_2 \left(\frac{1}{2}\right)^2 \left(\frac{1}{2}\right)^{3-2} = \frac{3!}{2!1!} \left(\frac{1}{2}\right)^2 \left(\frac{1}{2}\right) = \frac{3}{8}$$

$$f(3) = {}_3C_3 \left(\frac{1}{2}\right)^3 \left(\frac{1}{2}\right)^{3-3} = \frac{3!}{3!0!} \left(\frac{1}{2}\right)^3 1 = \frac{1}{8}$$

となる。

演習 5-2 コインを10回投げたとき、表が6回出る確率を求めよ。

解) この確率は2項分布 $Bin\left(10, \frac{1}{2}\right)$ に従い、その一般式は

$$p(X=x) = f(x) = {}_{10}C_x \left(\frac{1}{2}\right)^x \left(1-\frac{1}{2}\right)^{10-x} = {}_{10}C_x \left(\frac{1}{2}\right)^x \left(\frac{1}{2}\right)^{10-x}$$

と与えられる。表が6回出るのは $x=6$ の場合であるから

$$f(6) = {}_{10}C_6 \left(\frac{1}{2}\right)^6 \left(\frac{1}{2}\right)^{10-6} = \frac{10!}{6!4!} \left(\frac{1}{2}\right)^{10} = \frac{10 \times 9 \times 8 \times 7}{4 \times 3 \times 2 \times 1} \times \frac{1}{1024} = \frac{210}{1024} = 0.205$$

となり、コインの表が6回出る確率は0.205と与えられる。

演習 5-3 サイコロを 5 回投げたとき、1 の目が 3 回出る確率を求めよ。

解) この確率は 2 項分布 $Bin\left(5, \frac{1}{6}\right)$ に従い、その一般式は

$$p(X=x) = f(x) = {}_5C_x\left(\frac{1}{6}\right)^x\left(1-\frac{1}{6}\right)^{5-x} = {}_{10}C_x\left(\frac{1}{6}\right)^x\left(\frac{5}{6}\right)^{5-x}$$

と与えられる。1 の目が 3 回出る確率は $x = 3$ を代入すると

$$f(3) = {}_5C_3\left(\frac{1}{6}\right)^3\left(\frac{5}{6}\right)^{5-3} = \frac{5!}{3!2!}\left(\frac{1}{6}\right)^3\left(\frac{5}{6}\right)^2 = \frac{5\times 4}{2\times 1}\times\frac{1}{216}\times\frac{25}{36} = \frac{250}{7776} = 0.032$$

となって、0.032 と与えられる。

演習 5-4 ある宝くじの当たる確率が 1/100 で与えられている。このくじを 10 回買って一度も当たらない確率を求めよ。

解) この確率は 2 項分布 $Bin\left(10, \frac{1}{100}\right)$ に従い、その一般式は

$$p(X=x) = f(x) = {}_{10}C_x\left(\frac{1}{100}\right)^x\left(1-\frac{1}{100}\right)^{10-x} = {}_{10}C_x\left(\frac{1}{100}\right)^x\left(\frac{99}{100}\right)^{10-x}$$

と与えられる。一度も当たらない場合は $x = 0$ に相当するから

$$f(0) = {}_{10}C_0\left(\frac{1}{100}\right)^0\left(\frac{99}{100}\right)^{10} = \left(\frac{99}{100}\right)^{10} \cong 0.904$$

となって、当たらない確率は 0.904 となる。

第5章　2項分布

演習 5-5　ある宝くじの当たる確率が 1/10000 で与えられている。このくじを 100 本買った時に、そのうちの 1 本があたる確率を求めよ。

解）　この確率は 2 項分布 $Bin\left(100, \dfrac{1}{10000}\right)$ に従い、その一般式は

$$p(X=x) = f(x) = {}_{100}C_x \left(\dfrac{1}{10000}\right)^x \left(1 - \dfrac{1}{10000}\right)^{100-x} = {}_{10}C_x \left(\dfrac{1}{10000}\right)^x \left(\dfrac{9999}{10000}\right)^{100-x}$$

と与えられる。1 本当選が出るのは $x = 1$ に相当するから

$$f(1) = {}_{100}C_1 \left(\dfrac{1}{10000}\right)^1 \left(\dfrac{9999}{10000}\right)^{99} = 100 \times \dfrac{1}{10000} \times \left(\dfrac{9999}{10000}\right)^{99} \cong 0.0099$$

となって、確率は 1/100 となる。

---

2 項分布というのは、結局のところ、ある事象 (event) A が一定の確率

$$p = p(A)$$

で生じるときに、n 回の試行を行ったときに、事象 A が x 回起こる確率を与えるものである。

具体例で示せば「コインを投げたときには、「表が出る」という事象が一定の確率 1/2 で生じるが、このコイン投げを n 回行ったときに、「表が x 回出る」確率が 2 項分布 $Bin\left(n, \dfrac{1}{2}\right)$ に従う」と言うことができる。あるいは、サイコロの例では、「1 の目が出る」という事象が一定の確率 1/6 で生じるが、このサイコロ投げを 10 回行ったときに、「1 の目が x 回出る」確率が 2 項分布 $Bin\left(10, \dfrac{1}{6}\right)$ に従うと言える。

このような確率分布は、少し考えただけでも数多くの確率に適用できることが容易に想像できる。しかも演習で紹介したように、その確率が簡単に計算できるので非常に有用である。

それでは、なぜこのような分布を 2 項分布と呼ぶのであろうか。それは、

つぎに紹介する 2 項定理 (binomial theorem) に基づいているからである。

5.2. 2 項定理

展開公式としてよく知られたものに

$$(a+b)^2 = a^2 + 2ab + b^2$$
$$(a+b)^3 = a^3 + 3a^2b + 3ab^2 + b^3$$
$$(a+b)^4 = a^4 + 4a^3b + 6a^2b^2 + 4ab^3 + b^4$$

があるが、この展開公式を一般の場合に拡張すると

$$(a+b)^n = a^n + na^{n-1}b + \frac{n(n-1)}{2}a^{n-2}b^2 + \cdots + \frac{n!}{(n-r)!r!}a^{n-r}b^r + \cdots + b^n$$

となる。これを組合せの記号を使って表記すると

$$(a+b)^n = {}_nC_0 a^n + {}_nC_1 a^{n-1}b + {}_nC_2 a^{n-2}b^2 + \cdots + {}_nC_r a^{n-r}b^r + \cdots + {}_nC_n b^n$$

と書くことができる。これを一般式で書くと

$$(a+b)^n = \sum_{r=0}^{n} {}_nC_r a^{n-r}b^n$$

となる。この展開式を 2 項定理と呼んでいる。

では、どうしてこのような展開式になるかを確かめてみよう。ここでは、関数の**べき級数展開** (expansion into power series) という手法を使う。べき級数展開とは、関数 $f(x)$ を、次のような（無限の）**べき級数** (power series) に展開する手法である。

$$f(x) = f(0) + f'(0)x + \frac{1}{2!}f''(0)x^2 + \frac{1}{3!}f'''(0)x^3 + \cdots + \frac{1}{n!}f^{(n)}(0)x^n + \cdots$$

となる。これをまとめて書くと**一般式** (general form)

$$f(x) = \sum_{n=0}^{\infty} \frac{1}{n!}f^{(n)}(0)x^n$$

が得られる。この級数を**マクローリン級数** (Maclaurin series)、また、この級数展開を**マクローリン展開** (Maclaurin expansion) と呼んでいる。

それでは、マクローリン展開の手法を使って、関数

$$f(x) = (1+x)^n$$

を展開してみよう。その導関数を求めると

$$f'(x) = n(1+x)^{n-1}, \quad f''(x) = n(n-1)(1+x)^{n-2}, \quad f'''(x) = n(n-1)(n-2)(1+x)^{n-3}$$
$$f^{(4)}(x) = n(n-1)(n-2)(n-3)(1+x)^{n-4}, \cdots, \quad f^{(n)}(x) = n!, \quad f^{(n+1)}(x) = 0$$

となる。ここで $x=0$ を代入すると

$$f'(0) = n, \quad f''(0) = n(n-1), \quad f'''(0) = n(n-1)(n-2)$$
$$f^{(4)}(0) = n(n-1)(n-2)(n-3), \cdots, \quad f^{(n)}(0) = n!, \quad f^{(n+1)}(0) = 0$$

となり、$(n+1)$ 次以上の項の係数はすべて 0 となる。これを

$$f(x) = f(0) + f'(0)x + \frac{1}{2!}f''(0)x^2 + \frac{1}{3!}f'''(0)x^3 + \cdots + \frac{1}{n!}f^{(n)}(0)x^n$$

に代入すると

$$f(x) = 1 + nx + \frac{1}{2!}n(n-1)x^2 + \frac{1}{3!}n(n-1)(n-2)x^3 + \cdots + \frac{1}{2!}n(n-1)x^{n-2} + nx^{n-1} + x^n$$

となる。これを一般式で書けば

$$(1+x)^n = \sum_{k=0}^{n} \frac{n!}{k!(n-k)!} x^k$$

が得られる。ここで

$$x = \frac{b}{a}$$

を代入すると

$$\left(1 + \frac{b}{a}\right)^n = \sum_{k=0}^{n} \frac{n!}{k!(n-k)!} \left(\frac{b}{a}\right)^k$$

これを変形すると

$$\left(\frac{1}{a}\right)^n (a+b)^n = \sum_{k=0}^{n} \frac{n!}{k!(n-k)!}\left(\frac{b}{a}\right)^k = \left(\frac{1}{a}\right)^n \sum_{k=0}^{n} \frac{n!}{k!(n-k)!} a^{n-k} b^k$$

よって

$$(a+b)^n = \sum_{k=0}^{n} \frac{n!}{k!(n-k)!} a^{n-k} b^k$$

これは、2項定理そのものである。

演習 5-6 関数 $(2x+3y)^8$ を展開したとき、$x^3 y^5$ の係数を求めよ。

解) 2項定理より

$$(a+b)^n = \sum_{k=0}^{n} \frac{n!}{k!(n-k)!} a^{n-k} b^k$$

ここで $n=8$、$a=2x$、$b=3y$ と置くと

$$(2x+3y)^8 = \sum_{k=0}^{8} \frac{8!}{k!(8-k)!} (2x)^{8-k} (3y)^k$$

となる。ここで $k=5$ の項は

$$\frac{8!}{k!(8-k)!}(2x)^{8-k}(3y)^k = \frac{8!}{5!(8-5)!}(2x)^3 (3y)^5 = \frac{8\times 7\times 6}{3\times 2}(8x^3)(243y^5) = 108864 x^3 y^5$$

よって、求める係数は 108864 となる。

ここで、2項定理と2項分布の式を並べて比較してみよう。

$$(a+b)^n = \sum_{k=0}^{n} \frac{n!}{k!(n-k)!} a^{n-k} b^k$$

$$p(X=x) = {}_nC_x p^x (1-p)^{n-x}$$

ここで

$$_nC_k = \frac{n!}{k!(n-k)!}$$

の関係にあるから、2項定理は

$$(a+b)^n = \sum_{k=0}^{n} \frac{n!}{k!(n-k)!} a^{n-k} b^k = \sum_{k=0}^{n} {}_nC_k a^{n-k} b^k$$

と書くことができる。また、2項分布において $q = 1-p$ と置くと

$$p(X=x) = f(x) = {}_nC_x p^x q^{n-x}$$

となって、これらはまったく同じものであることが分かる。これが、この確率分布を 2 項分布と呼ぶ由縁である。

演習 5-7 2項定理を利用して 2 項分布に対応した確率密度関数 $f(x)$ の総和

$$\sum_{x=0}^{n} f(x)$$

を計算せよ。

解) 2 項定理より

$$\sum_{x=0}^{n} f(x) = \sum_{x=0}^{n} {}_nC_x p^x q^{n-x} = (p+q)^n$$

と変形できる。$p+q = 1$ であるから、結局

$$\sum_{x=0}^{n} f(x) = 1$$

となる。

これは、すべての確率を足すと 1 になるということが 2 項分布でも成立することを示している。

演習 5-8 つぎの式の値を 2 項定理を利用して計算せよ。

(1) $\ _nC_0 + {}_nC_1 + {}_nC_2 + {}_nC_3 + \cdots + {}_nC_r + \cdots + {}_nC_n$

(2) $\ _nC_0 - {}_nC_1 + {}_nC_2 - {}_nC_3 + \cdots + (-1)^r\,{}_nC_r + \cdots + (-1)^n\,{}_nC_n$

解） 2 項定理は

$$(a+b)^n = {}_nC_0 a^n + {}_nC_1 a^{n-1}b + {}_nC_2 a^{n-2}b^2 + \cdots + {}_nC_r a^{n-r}b^r + \cdots + {}_nC_n b^n$$

であった。ここで $a=1, b=1$ を代入すると、右辺は

$$_nC_0 + {}_nC_1 + {}_nC_2 + {}_nC_3 + \cdots + {}_nC_r + \cdots + {}_nC_n$$

となり、左辺は $(1+1)^n = 2^n$ となる。よって

$$_nC_0 + {}_nC_1 + {}_nC_2 + {}_nC_3 + \cdots + {}_nC_r + \cdots + {}_nC_n = 2^n$$

と与えられる。つぎに、2 項定理において $a=1, b=-1$ を代入すると、右辺は

$$_nC_0 - {}_nC_1 + {}_nC_2 - {}_nC_3 + \cdots + (-1)^r\,{}_nC_r + \cdots + (-1)^n\,{}_nC_n$$

となり、左辺は $(1-1)^n = 0$ となる。よって

$$_nC_0 - {}_nC_1 + {}_nC_2 - {}_nC_3 + \cdots + (-1)^r\,{}_nC_r + \cdots + (-1)^n\,{}_nC_n = 0$$

となる。

5.3. 2 項分布の平均と分散

それでは、2 項定理を利用して 2 項分布の平均と分散を計算してみよう。離散型確率分布の場合の平均は

$$E[x] = \sum_{x=0}^{n} x f(x)$$

で与えられる。すると2項分布の平均は

$$E[x] = \sum_{x=0}^{n} x \; {}_nC_x p^x q^{n-x}$$

これを変形すると

$$E[x] = \sum_{x=0}^{n} x \frac{n!}{x!(n-x)!} p^x q^{n-x}$$

となる。ここで $x=0$ の項は0となるから、この和は

$$E[x] = \sum_{x=1}^{n} x \frac{n!}{x!(n-x)!} p^x q^{n-x} = \sum_{x=1}^{n} \frac{n!}{(x-1)!(n-x)!} p^x q^{n-x}$$
$$= \sum_{x=1}^{n} np \frac{(n-1)!}{(x-1)!\{(n-1)-(x-1)\}!} p^{x-1} q^{n-1-(x-1)}$$

と変形することができる。ここで

$$y = x-1 \qquad m = n-1$$

と置き換えると

$$E[x] = \sum_{y=0}^{m} np \frac{m!}{y!(m-y)!} p^y q^{m-y} = np \sum_{y=0}^{m} {}_mC_y p^y q^{m-y}$$

これはよくみると2項定理のかたちをしており

$$E[x] = np(p+q)^m$$

となるが、$p+q=1$ であるから、結局、**2項分布の平均**は

$$E[x] = np$$

となる。これは定性的にも納得できる結果である。なぜなら、1回の確率が p の事象を n 回試行したら、その期待値は np となることは簡単に予想できるからである。

演習 5-9 2 項分布の分散を求めよ。

解） 分散 $V[x]$ は
$$V[x] = E[x^2] - \{E[x]\}^2$$
で与えられる。まず
$$E[x^2] = \sum_{x=0}^{n} x^2 {}_nC_x p^x q^{n-x}$$
より
$$E[x^2] = \sum_{x=0}^{n} x^2 \frac{n!}{x!(n-x)!} p^x q^{n-x} = \sum_{x=0}^{n} \frac{n!x}{(x-1)!(n-x)!} p^x q^{n-x}$$
となる。この和の第 1 項である $x = 0$ の項は 0 であるから
$$y = x - 1 \qquad m = n - 1$$
という置き換えを行うと
$$E[x^2] = np \sum_{y=0}^{m} \frac{m!(y+1)}{y!(m-y)!} p^y q^{m-y}$$
$$= np \sum_{y=0}^{m} \frac{m!y}{y!(m-y)!} p^y q^{m-y} + np \sum_{y=0}^{m} \frac{m!}{y!(m-y)!} p^y q^{m-y}$$
となるが、第 1 項のシグマ記号の和は、まさに 2 項分布の平均であるから mp と与えられる。つぎのシグマ記号の和は 1 であるから、結局
$$E[x^2] = np(mp) + np = n(n-1)p^2 + np$$
となる。よって、**2 項分布の分散**は
$$V[x] = E[x^2] - \{E[x]\}^2 = n(n-1)p^2 + np - (np)^2 = np(1-p)$$
となる。

演習で求めたように、2 項分布の分散は

$$V[x] = np(1-p) = npq$$

で与えられる。例えば、$p = 1$ の場合は分散は 0 となるが、ある試行において、それが必ず起こるということが分かっていれば、当然、分散がないことになる。$p = 0$ の場合も同様である。

それでは、どのような試行確率の時に分散は最大になるのであろうか。それは

$$\frac{dV[x]}{dp} = n(1-p) - np = n(1-2p) = 0$$

より $p = 1/2$ の時であることが分かる。つまり、試行確率が同じときに分散が最も大きくなる。

第6章 多項分布

6.1. 多項定理

2項定理の場合には項の数が2つしかなかったが、それが3個以上の場合は、どうなるであろうか。実は、この場合も公式を導き出すことができる。例として、3項式の平方は

$$(a+b+c)^2 = a^2 + b^2 + c^2 + 2ab + 2ac + 2bc$$

となる。つぎに3項式の3乗の展開式は

$$(a+b+c)^3 = a^3 + b^3 + c^3 + 3a^2b + 3ab^2 + 3a^2c + 3ac^2 + 3b^2c + 3bc^2 + 6abc$$

となる。ここで、何か規則性がないかどうか考えてみよう。まず

$$(a+b+c)^3 = (a+b+c)(a+b+c)(a+b+c)$$

のひとつの項は (a, b, c) という3つの集合から要素をひとつずつ選んで並べる方法である。例えば abc という項を考えると最初のかっこ(集合)から選ぶ方法は a, b, c どれでもよいから3通りとなる。つぎのかっこ(集合)から、選べるのは、最初のかっこで選んだもの以外の2個となる。最後のかっこから選べるものは自動的に決まる。よって、その場合の数は

$$3 \times 2 \times 1 = 6$$

となって、6通りとなる。よって、abc の項の係数は6となる。あるいは別の視点で考えれば、この係数は abc の並べ方、つまり順列の数と考えられる。

それではつぎに a^2b の項の係数について考えてみよう。この場合は (a, b, c) という3つの集合があって、その3つのうちのひとつから b を選ぶと、

第 6 章 多項分布

自動的に残り 2 つからは a を選ばなければならないので、その場合の数は 3 通りとなり、係数は 3 となる。あるいは別の視点で考えれば aab という順列の並べ方の数と考えることができる。

最後に、a^3 は、すべての集合から a を選ぶしかないので、その場合の数は 1 通りとなり、よって係数は 1 となる。あるいは aaa の並べ方の総数と考えられる。このように、係数は場合の数を考えることで計算することができる。それでは

$$(a+b+c)^4 = (a+b+c)(a+b+c)(a+b+c)(a+b+c)$$

について考えてみよう。この場合、展開式の各項は 4 つの変数の積となる。この場合 a^4, b^4, c^4 は、すべての集合からひとつの要素を選ぶしかないので、すべての場合の数は 1 となって、係数も 1 となる。

それでは $a^3b, ab^3, b^3c, bc^3, a^3c, ac^3$ の項はどうであろうか。いままでの考えに従えば、これらはすべて同じ場合の数、すなわち係数をとるはずである。例えば a^3b を取り上げると、ある集合 $((a+b+c))$ から b を選べば、残り 3 個は自動的に a を選ぶしかない。よって、その場合の数は 4 通りとなる。つまり、係数は 4 となる。

視点を変えると、この場合の数は $aaab$ の並べ方の総数と考えることもできる。なぜなら

① ② ③ ④

という 4 つの異なるグループから a を 3 個、b を 1 個選ぶ方法であるからである。これは、第 2 章で示したように

$$\frac{4!}{3!1!} = 4$$

となる。以下は、このような考え方で計算した方が一般化が楽になる。

そこで、同じように a^2b^2, b^2c^2, c^2a^2 の項の係数を考えてみよう。例として a^2b^2 を取り上げる。この場合は $aabb$ の順列の数となる。よって

$$\frac{4!}{2!2!} = 6$$

となって、6 通りとなる。よって、係数は 6 である。ここで、いっきに進ん

で
$$(a+b+c)^{10}$$

という3項式の展開式を考えてみよう。ここで $a^4b^4c^2$ という項の係数がどうなるかを考えてみよう。これは、いままでの考えに従って

$$aaaabbbbcc$$

の並べ方の総数と考えることができる。すると

$$\frac{10!}{4!4!2!} = \frac{10 \times 9 \times 8 \times 7 \times 6 \times 5}{4 \times 3 \times 2 \times 2} = 3150$$

となる。これを踏まえて一般式をつくることができる。つまり3項式を10乗した展開式において

$$a^l b^m c^n$$

という項の係数は

$$\frac{10!}{l!m!n!} \quad (l+m+n=10)$$

で与えられることになる。より一般化して、n 乗した場合の展開式は

$$(a+b+c)^n = \sum \frac{n!}{n_1! n_2! n_3!} a^{n_1} b^{n_2} c^{n_3} \quad (n_1 + n_2 + n_3 = n)$$

となることが分かる。ここでΣ記号は、すべての n_1, n_2, n_3 の組合せの和であることを意味している。

これを、さらに一般化して、任意の多項式（m 項式）を n 乗した場合の展開式は

$$(a_1 + a_2 + a_3 + \ldots + a_m)^n = \sum \frac{n!}{n_1! n_2! n_3! \cdots n_m!} a_1^{n_1} a_2^{n_2} a_3^{n_3} \cdots a_m^{n_m}$$
$$(n_1 + n_2 + n_3 + \cdots + n_m = n)$$

と与えられることになる。これが**多項定理** (multinomial theorem) である。

第6章 多項分布

演習 6-1 多項定理を証明した手法を用いて 2 項定理を証明せよ。

解） 2 項式の場合の
$$(a+b)^n$$
の展開式において一般項 $a^r b^{n-r}$ の係数を考えてみよう。多項定理の場合と同様に考えると、この項の係数は r 個の a と $(n-r)$ 個の b を 1 列に並べる場合の数であるから
$$\frac{n!}{r!(n-r)!}$$
となり、2 項定理が成立することが分かる。

演習 6-2 $(3a+2b-c)^8$ の展開式において $a^3 b^2 c^3$ の項の係数を求めよ。

解） 多項定理より、この項を取り出すと
$$\frac{8!}{3!2!3!}(3a)^3(2b)^2(-c)^3$$
となる。ここで
$$\frac{8!}{3!2!3!} = \frac{8 \times 7 \times 6 \times 5 \times 4}{2 \times 3 \times 2} = 560$$
となり
$$(3a)^3(2b)^2(-c)^3 = 27a^3 \times 4b^2 \times (-c^3) = -108 a^3 b^2 c^3$$
であるから、係数は結局
$$560 \times (-108) = -60480$$
と与えられる。

演習 6-3 $\left(x+6-\dfrac{2}{x}\right)^6$ の展開式において定数項の係数を求めよ。

解) この展開式において定数項となるのは、6^6 以外は

$$\dfrac{6!}{1!4!1!}x6^4\left(-\dfrac{2}{x}\right) \quad \text{と} \quad \dfrac{6!}{2!2!2!}x^2 6^2\left(-\dfrac{2}{x}\right)^2 \quad \text{と} \quad \dfrac{6!}{3!0!3!}x^3 6^0\left(-\dfrac{2}{x}\right)^3$$

である。それぞれを計算すると

$$\dfrac{6!}{1!4!1!}x6^4\left(-\dfrac{2}{x}\right) = -6\times 5\times 6^4 \times 2 = -77760$$

$$\dfrac{6!}{2!2!2!}x^2 6^2\left(-\dfrac{2}{x}\right)^2 = 6\times 5\times 3\times 6^2 \times 2^2 = 12960$$

$$\dfrac{6!}{3!0!3!}x^3 6^0\left(-\dfrac{2}{x}\right)^3 = -\dfrac{6\times 5\times 4}{3\times 2}\times 2^3 = -20\times 8 = -160$$

$$\dfrac{6!}{0!6!0!}x^0 6^6\left(-\dfrac{2}{x}\right)^0 = 6^6 = 46656$$

よって、係数は

$$-77760 + 12960 - 160 + 46656 = -18304$$

となる。

6.2. 多項分布

2項定理に対応して2項分布があったように、多項定理に対応して多項分布がある。2項分布の場合には、1回の試行である事象 (event) A が起こるか、起こらないかの二者択一であった。より具体的には、事象 A が一定の確率

$$p = p(A)$$

で生じるときに、n 回の試行を行ったときに、事象 A が x 回起こる確率は

$$p(X=x) = {}_nC_x \, p^x (1-p)^{n-x}$$

と与えられる。これが2項分布である。

具体例で示すと、コインを投げたときに、「表が出る」という事象は一定の確率1/2 で生じるが、このコイン投げを n 回行ったときに、「表が x 回出る」確率は

$$p(X=x) = {}_nC_x \left(\frac{1}{2}\right)^x \left(\frac{1}{2}\right)^{n-x}$$

で与えられる。

つぎに、サイコロ投げを考えてみよう。この時、「1 の目が出る」という事象は一定の確率1/6 で生じるが、このサイコロ投げを n 回行ったときに、「1 の目が x 回出る」確率は

$$p(X=x) = {}_nC_x \left(\frac{1}{6}\right)^x \left(\frac{5}{6}\right)^{n-x}$$

で与えられる。

ところで、このサイコロ投げでは、1の目が出る確率と、1以外の目が出る確率しか考えていないが、1以外のサイコロの出目は2から6まで5通りもある。これを一緒に扱ったのでは不公平という気もする。

例えば、サイコロを6回投げて、1が2回で、残り4回が1以外の目が出る確率は、2項定理で求めることができるが、1以外の出目も指定して、2が3回、5が1回出る確率を求めたいとしたらどうすればよいのであろうか。

実は、多項定理を使うと、この確率が求められる。ここで多項定理を復習すると、任意の多項式（m 項式）を n 乗した場合の展開式は

$$(a_1 + a_2 + a_3 + \cdots + a_m)^n = \sum \frac{n!}{n_1! n_2! n_3! \cdots n_m!} a_1^{n_1} a_2^{n_2} a_3^{n_3} \cdots a_m^{n_m}$$

$$(n_1 + n_2 + n_3 + \cdots + n_m = n)$$

と与えられる。実は、いまのサイコロの例では、上の多項式において、試行回数が $n=6$ であり、1の目がでる回数 $n_1=2$、2の目が出る回数 $n_2=3$、3の目が出る回数 $n_3=0$、4の目が出る回数 $n_4=0$、5の目が出る回数 $n_5=1$、6の目が出る回数 $n_6=0$ となる。つまり

$$n_1 + n_2 + n_3 + n_4 + n_5 + n_6 = n$$

のケースであり、それぞれの確率を $a_1, a_2, a_3, a_4, a_5, a_6$ とすれば

$$\frac{n!}{n_1! n_2! n_3! n_4! n_5! n_6!} a_1^2 a_2^3 a_3^0 a_4^0 a_5^1 a_6^0$$

が求める確率となる。いまの場合、出目の確率はすべて 1/6 であるから、結局

$$\frac{6!}{2!3!0!0!1!0!} \left(\frac{1}{6}\right)^2 \left(\frac{1}{6}\right)^3 \left(\frac{1}{6}\right)^0 \left(\frac{1}{6}\right)^0 \left(\frac{1}{6}\right)^1 \left(\frac{1}{6}\right)^0$$

と与えられる。このように、多項定理を利用すれば、事象の数が 2 個よりも多い場合の確率を計算することができる。ここで、一般化してみよう。いま m 個の事象が起こる場合を想定してみよう。つまり、

$$A = A_1 + A_2 + A_3 + \cdots + A_m$$

であり、それぞれの事象が起こる確率は

$$p(A) = p(A_1) + p(A_2) + p(A_3) + \cdots + p(A_m) = 1$$

という関係を満足することになる。簡単化のために

$$p(A_m) = a_m$$

と置きかえる。ここで、試行回数を n とし

事象 A_1 が起こる回数が n_1
事象 A_2 が起こる回数が n_2
$\cdots$
事象 A_m が起こる回数が n_m

である確率は、多項定理の一般項とまったく同じかたちの

$$\frac{n!}{n_1! n_2! n_3! \cdots n_m!} a_1^{n_1} a_2^{n_2} a_3^{n_3} \cdots a_m^{n_m}$$

で与えられる。ただし

$$n_1 + n_2 + n_3 + \cdots + n_m = n$$

という関係にある。また、このような分布を**多項分布** (multinomial distribution) と呼んでいる。

演習 6-4 いま、カードが 10 枚入った箱があって、1 が 1 枚、2 が 5 枚、3 が 4 枚入っている。この箱から、1 枚のカードを取り出して、数字を確認した後で、ふたたび箱にカードを戻すとする。この時、4 回カードを引いたときに、2 を 2 枚、3 を 2 枚引く確率を求めよ。

解) カードが全部で 10 枚であるから、1 回の試行で 1 を引く確率は 1/10、2 を引く確率は 5/10 = 1/2、3 を引く確率は 4/10 = 2/5 となる。

よって、4 回の試行で 2 を 2 枚、3 を 2 枚引く確率は、多項定理により

$$\frac{4!}{2!2!}\left(\frac{1}{2}\right)^2\left(\frac{2}{5}\right)^2 = \frac{4\times 3}{2\times 1}\times\frac{1}{4}\times\frac{4}{25} = \frac{6}{25} = 0.24$$

となる。

このように、多項定理を利用すれば、事象が複数ある試行に対しても、その確率を簡単に求めることができる。

演習 6-5 いま、カードが 10 枚入った箱があって、1 が 1 枚、2 が 5 枚、3 が 4 枚入っている。この箱から、1 枚のカードを取り出して、数字を確認した後で、ふたたび箱にカードを箱に戻すとする。この時、4 回カードを引いたときに、1 回でも 1 のカードを引けば勝ちとなる。1 のカードを引く確率を求めよ。

解) ここでは余事象を利用する。一度も 1 のカードを引かないのは

① 2が4枚
② 2が3枚で3が1枚
③ 2が2枚で3が2枚
④ 2が1枚で3が3枚
⑤ 3が4枚

の5通りである。多項定理を利用して、それぞれの確率を求めると

① $\dfrac{4!}{4!}\left(\dfrac{1}{2}\right)^4 = \dfrac{1}{16}$

② $\dfrac{4!}{3!1!}\left(\dfrac{1}{2}\right)^3\left(\dfrac{2}{5}\right) = 4 \times \dfrac{1}{8} \times \dfrac{2}{5} = \dfrac{1}{5}$

③ $\dfrac{4!}{2!2!}\left(\dfrac{1}{2}\right)^2\left(\dfrac{2}{5}\right)^2 = 6 \times \dfrac{1}{4} \times \dfrac{4}{25} = \dfrac{6}{25}$

④ $\dfrac{4!}{1!3!}\left(\dfrac{1}{2}\right)\left(\dfrac{2}{5}\right)^3 = 4 \times \dfrac{1}{2} \times \dfrac{8}{125} = \dfrac{16}{125}$

⑤ $\dfrac{4!}{4!}\left(\dfrac{2}{5}\right)^4 = \dfrac{16}{625}$

これらの確率を足すと

$$\dfrac{1}{16} + \dfrac{1}{5} + \dfrac{6}{25} + \dfrac{16}{125} + \dfrac{16}{625} = \dfrac{21}{80} + \dfrac{246}{625} \approx 0.263 + 0.394 = 0.657$$

よって、1回でも1のカードが出る確率、つまり当たる確率は

$$1 - 0.657 = 0.343$$

となる。

　4回も引くチャンスがあるので、1のカードを引く確率はかなり高いと思いがちであるが、実際の確率は5割にも満たないのである。万事かけごとというのは、このように胴元が勝つような仕組みになっているのである。
　ただし、この設問だけであれば、2項定理を利用して解くこともできる。いまの場合、1回の試行で1のカードが出る確率が1/10で、その他のカー

ドが出る確率は 9/10 である。よって、余事象は、4回とも 1 以外のカードが出る確率であり、これは 2 項分布の公式によれば

$$_4C_4\left(\frac{1}{10}\right)^0\left(\frac{9}{10}\right)^4 = \left(\frac{9}{10}\right)^4 \cong 0.656$$

と与えられる。よって、1 が 1 回でも出る確率は、この余事象であるから、多項分布を利用した場合と同じ答えが得られる。こちらの方が計算ははるかに簡単であるが、事象を複数考える必要がある場合は、多項分布を利用するしか手がないのである。

演習 6-6 いま、カードが 10 枚入った箱があって、1 が 1 枚、2 が 5 枚、3 が 4 枚入っている。この箱から、1 枚のカードを取り出して、数字を確認した後、ふたたびカードを箱に戻すとする。この時、4 回カードを引いたときに、3 種類すべてのカードを引けば勝ちとなる。その確率を求めよ。

解) 勝ちとなるのは

① 1 が 1 枚、2 が 2 枚、3 が 1 枚
② 1 が 1 枚、2 が 1 枚、3 が 2 枚

の 2 個のパターンしかない。それぞれの確率を多項分布の公式を用いて求めると

① $\dfrac{4!}{1!2!1!}\left(\dfrac{1}{10}\right)\left(\dfrac{1}{2}\right)^2\left(\dfrac{2}{5}\right) = 12 \times \dfrac{1}{10} \times \dfrac{1}{4} \times \dfrac{2}{5} = \dfrac{3}{25}$

② $\dfrac{4!}{1!1!2!}\left(\dfrac{1}{10}\right)\left(\dfrac{1}{2}\right)\left(\dfrac{2}{5}\right)^2 = 12 \times \dfrac{1}{10} \times \dfrac{1}{2} \times \dfrac{4}{25} = \dfrac{12}{125}$

よって、求める確率は

$$\frac{3}{25} + \frac{12}{125} = \frac{27}{125} = 0.216$$

となる。

このような勝負を挑まれると、かなりの確率で勝てるような気がするが、大きな間違いである。例えば、100円払って、1、2、3すべてのカードが4回引いて出たら200円貰うとすると、その期待値は43円となり、1回かけをするたびに、平均して57円の損をすることになる。

　最近は、「ギャンブルに勝つための確率統計」などという題名の本が出版され、ベストセラーにもなっている。しかし、確率論を勉強して分かるのは、ギャンブルに勝てるはずがないという現実である。ゆめゆめ、確率の勉強をして、ギャンブルに勝とうと思ってはならない。

第7章　ポアソン分布

　2項分布において、ある事象の起こる確率が非常に小さい場合に適用できるのが**ポアソン分布** (Poisson distribution) である。
　具体例で考えてみよう。ある工場の生産ラインで不良品が発生する確率が 1/100 であると仮定してみよう。この工場で 100 個の製品をつくったときに、不良品が含まれる数を確率変数とすると、この分布は 2 項分布に従うから、不良品の個数は

$$p(X=x) = f(x) = {}_nC_x p^x (1-p)^{n-x}$$

という式に従う。よって、不良品の発生しない確率は

$$f(0) = {}_{100}C_0 \left(\frac{1}{100}\right)^0 \left(1-\frac{1}{100}\right)^{100} = \left(\frac{99}{100}\right)^{100} \cong 0.366$$

不良品が1個発生する確率は

$$f(1) = {}_{100}C_1 \left(\frac{1}{100}\right)^1 \left(1-\frac{1}{100}\right)^{99} = \left(\frac{99}{100}\right)^{99} \cong 0.370$$

となり、順次不良品の発生確率を個数ごとに示すと

$$f(2) = {}_{100}C_2 \left(\frac{1}{100}\right)^2 \left(1-\frac{1}{100}\right)^{98} = \frac{100 \times 99}{2}\left(\frac{1}{100}\right)^2\left(\frac{99}{100}\right)^{98} \cong \frac{99}{200} \times 0.373 \cong 0.185$$

$$f(3) = {}_{100}C_3 \left(\frac{1}{100}\right)^3 \left(1-\frac{1}{100}\right)^{97} = \frac{100 \times 99 \times 98}{3 \times 2}\left(\frac{1}{100}\right)^3\left(\frac{99}{100}\right)^{97}$$

$$\cong \frac{9702}{60000} \times 0.377 \cong 0.061$$

$$f(4) = {}_{100}C_4 \left(\frac{1}{100}\right)^4 \left(1-\frac{1}{100}\right)^{96} = \frac{100 \times 99 \times 98 \times 97}{4 \times 3 \times 2}\left(\frac{1}{100}\right)^4\left(\frac{99}{100}\right)^{96}$$

$$\cong \frac{156849}{4000000} \times 0.381 \cong 0.015$$

$$f(5) = {}_{100}C_5 \left(\frac{1}{100}\right)^5 \left(1 - \frac{1}{100}\right)^{95} = \frac{100 \times 99 \times 98 \times 97 \times 96}{5 \times 4 \times 3 \times 2} \left(\frac{1}{100}\right)^5 \left(\frac{99}{100}\right)^{95}$$

$$\cong \frac{3764376}{5 \times 10^8} \times 0.385 \cong 0.003$$

と計算でき、この後延々と$f(100)$まで続くことになる。しかし、よく見ると、確率は不良品の個数が増えると、どんどん小さくなり、$f(5)$でもうすでに、その確率は0.003であり、それ以降はほぼ0とみなして良いことになる。

このように、ある事象の起こる確率が小さい場合に、正直に2項分布で解析していくと、意味のない計算が延々と続くことになる。ここでポアソン分布が登場する。

2項分布は

$$f(x) = {}_nC_x p^x (1-p)^{n-x} = \frac{n!}{x!(n-x)!} p^x (1-p)^{n-x}$$

であるが、これは

$$f(x) = \frac{n!}{x!(n-x)!} p^x (1-p)^{n-x} = \frac{n \times (n-1) \times (n-2) \times \cdots \times (n-x+1)}{x!} p^x (1-p)^{n-x}$$

と書くことができる。この式をn^xでくくり出すと

$$f(x) = \frac{n^x}{x!} 1 \times \left(1 - \frac{1}{n}\right) \times \left(1 - \frac{2}{n}\right) \times \cdots \times \left(1 - \frac{x-1}{n}\right) p^x (1-p)^{n-x}$$

となる。ここで、2項分布の平均をλとすると、$\lambda = np$ であったから

$$p = \frac{\lambda}{n}$$

と書くことができる。よって

$$f(x) = \frac{n^x}{x!} 1 \times \left(1 - \frac{1}{n}\right) \times \left(1 - \frac{2}{n}\right) \times \cdots \times \left(1 - \frac{x-1}{n}\right) \left(\frac{\lambda}{n}\right)^x \left(1 - \frac{\lambda}{n}\right)^{n-x}$$

と変形できる。分子、分母を n^x で割ると

$$f(x) = \frac{1}{x!} \times \left(1-\frac{1}{n}\right) \times \left(1-\frac{2}{n}\right) \times \cdots \times \left(1-\frac{x-1}{n}\right) \lambda^x \left(1-\frac{\lambda}{n}\right)^{n-x}$$

ここで $n \to \infty$ とすると

$$f(x) = \frac{1}{x!} \times \underbrace{\left(1-\frac{1}{n}\right)} \times \underbrace{\left(1-\frac{2}{n}\right)} \times \cdots \times \underbrace{\left(1-\frac{x-1}{n}\right)} \lambda^x \underbrace{\left(1-\frac{\lambda}{n}\right)^{-x}} \left(1-\frac{\lambda}{n}\right)^n$$

のかっこでくくった項はすべて 1 となる。ここで、最後の項を

$$\lim_{n \to \infty}\left(1-\frac{\lambda}{n}\right)^n = \lim_{n \to \infty}\left\{\left(1-\frac{\lambda}{n}\right)^{-\frac{n}{\lambda}}\right\}^{-\lambda}$$

と変形する。$p = \frac{\lambda}{n}$ であるから

$$\lim_{n \to \infty}\left(1-\frac{\lambda}{n}\right)^n = \lim_{p \to 0}\left\{(1-p)^{-\frac{1}{p}}\right\}^{-\lambda}$$

つぎに、$p = -\frac{1}{m}$ と置きなおすと

$$\lim_{n \to \infty}\left(1-\frac{\lambda}{n}\right)^n = \lim_{m \to \infty}\left\{\left(1+\frac{1}{m}\right)^m\right\}^{-\lambda}$$

これは**補遺 1** で示したように e の定義式

$$e = \lim_{m \to \infty}\left(1+\frac{1}{m}\right)^m$$

のかたちを含んでおり

$$\lim_{n \to \infty}\left(1-\frac{\lambda}{n}\right)^n = \exp(-\lambda)$$

となる。結局

$$f(x) = \frac{1}{x!} \times \lambda^x \exp(-\lambda)$$

と変形できる。これを整理して

$$f(x) = \exp(-\lambda) \frac{\lambda^x}{x!}$$

となる。ただし $\lambda = np$ である。これが**ポアソン分布の確率密度関数**である。この導出過程で、$n \to \infty$ という仮定を行っているので、まず、この分布は2項分布において試行回数が大きい場合に対応することが分かる。

つぎに、指数関数を導出するときに、$p \to 0$ という極限をとっているので、これは、この分布が対象とする事象の起こる確率が非常に小さいこと、つまりめったに起こることのない現象を対象にしていることも分かる。ただし

$$n \to \infty \qquad p \to 0$$

という極限ではあるものの、その積はつねに一定で、2項分布の平均

$$\lambda = np$$

に等しいという条件下で生じる分布である。

それでは、ポアソン分布の和をまず求めてみよう。

$$\sum_{x=0}^{\infty} e^{-\lambda} \frac{\lambda^x}{x!} = e^{-\lambda} \sum_{x=0}^{\infty} \frac{\lambda^x}{x!}$$

となる。ここで**補遺1**に挙げた e の展開式を書くと

$$e^{\lambda} = 1 + \lambda + \frac{1}{2!}\lambda^2 + \frac{1}{3!}\lambda^3 + \frac{1}{4!}\lambda^4 + \cdots + \frac{1}{n!}\lambda^n + \cdots$$

であるが、この展開式は一般式にすると

$$1 + \lambda + \frac{1}{2!}\lambda^2 + \frac{1}{3!}\lambda^3 + \frac{1}{4!}\lambda^4 + \cdots + \frac{1}{n!}\lambda^n + \cdots = \sum_{x=0}^{\infty} \frac{\lambda^x}{x!}$$

と書けるから

$$\sum_{x=0}^{\infty} e^{-\lambda} \frac{\lambda^x}{x!} = e^{-\lambda} \sum_{x=0}^{\infty} \frac{\lambda^x}{x!} = e^{-\lambda} e^{\lambda} = 1$$

となって、総和が 1 となる。つまり確率密度関数の性質を満足していることが確かめられる。

つぎにこの分布の平均を求めてみよう。ここで、$x=0$ の項は 0 であるので和から消える。

$$E[x] = \sum_{x=0}^{\infty} x e^{-\lambda} \frac{\lambda^x}{x!} = \sum_{x=1}^{\infty} e^{-\lambda} \frac{\lambda^x}{(x-1)!}$$

さらに、この式をつぎのように変形してみる。

$$E[x] = \sum_{x=1}^{\infty} \lambda e^{-\lambda} \frac{\lambda^{x-1}}{(x-1)!} = \lambda e^{-\lambda} \sum_{x=1}^{\infty} \frac{\lambda^{x-1}}{(x-1)!}$$

となる。ここで

$$\sum_{x=1}^{\infty} \frac{\lambda^{x-1}}{(x-1)!}$$

において、$t = x-1$ と置くと

$$\sum_{x=1}^{\infty} \frac{\lambda^{x-1}}{(x-1)!} = \sum_{t=0}^{\infty} \frac{\lambda^t}{t!}$$

これは、先ほどみたように

$$\sum_{t=0}^{\infty} \frac{\lambda^t}{t!} = e^{\lambda}$$

の関係にあるから

$$E[x] = \lambda e^{-\lambda} \sum_{x=1}^{\infty} \frac{\lambda^{x-1}}{(x-1)!} = \lambda e^{-\lambda} e^{\lambda} = \lambda$$

となって、平均が λ であることが分かる。

演習 7-1 アメリカの企業トップは専用自家用機で移動する。この飛行機の事故の確率は 10 万分の 1 と言われている。企業トップが在任中に乗る飛行機の回数が 1 万回と言われている。この在任中に 1 度も事故に遭わない確率を求めよ。

解） 飛行機事故はめったに起きないのでポアソン分布に従うと考えられる。この時

$$f(x) = \exp(-\lambda)\frac{\lambda^x}{x!} \qquad \lambda = np$$

ここで、$n = 10000, p = 0.00001$ であるから $\lambda = np = 0.1$ となる。ここで、事故が起きない確率は $x = 0$ に対応するから

$$f(0) = \exp(-0.1)\frac{(0.1)^0}{0!} \cong 0.905$$

となって、9 割以上の確率で事故には遭わないことになる。

この問題を試しに、2 項分布で計算してみることにしよう。まず、この確率は 2 項分布 $Bin\left(10000, \dfrac{1}{100000}\right)$ に従い、その一般式は

$$p(X = x) = f(x) = {}_{10000}C_x \left(\frac{1}{100000}\right)^x \left(1 - \frac{1}{100000}\right)^{10000-x}$$

$$= {}_{10000}C_x \left(\frac{1}{100000}\right)^x \left(\frac{99999}{100000}\right)^{10000-x}$$

と与えられる。事故に一度も遭わないのは $x = 0$ の場合であるから

$$f(0) = {}_{10000}C_0 \left(\frac{1}{100000}\right)^0 \left(\frac{99999}{100000}\right)^{10000-0} = \left(\frac{99999}{100000}\right)^{10000}$$

となる。これをまともに計算することはかなり難しい。そこで、両辺の対数をとると

$$\ln f(0) = 10000 \ln\left(\frac{99999}{100000}\right) = 10000 \times (-0.00001) = -0.1$$

となる。よって

$$f(0) = \exp(-0.1) = 0.905$$

と与えられる。今の例では、まだ $x = 0$ と簡単であったが、これが x の値が増えると2項分布で計算するのはかなり面倒になる。

演習 7-2 アメリカの企業トップは専用自家用機で移動する。この飛行機の事故の確率は10万分の1と言われている。企業トップが在任中に乗る飛行機の回数が1万回として、在任中に事故に遭う確率を求めよ。

解） ポアソン分布

$$f(x) = \exp(-\lambda)\frac{\lambda^x}{x!} \qquad \lambda = np$$

において、$n = 10000, p = 0.00001$ であるから $\lambda = np = 0.1$ となる。ここで、事故に1回遭う確率は $x = 1$ に対応するから

$$f(1) = \exp(-0.1)\frac{(0.1)^1}{1!} \cong 0.0905$$

となって、1割近くの確率で事故に遭うことになる。

この問題も試しに、2項分布で計算してみることにしよう。まず、この確率は2項分布 $Bin\left(10000, \dfrac{1}{100000}\right)$ に従い、その一般式は

$$p(X = x) = f(x) = {}_{10000}C_x \left(\frac{1}{100000}\right)^x \left(1 - \frac{1}{100000}\right)^{10000-x}$$

$$= {}_{10000}C_x \left(\frac{1}{100000}\right)^x \left(\frac{99999}{100000}\right)^{10000-x}$$

と与えられる。事故に一度遭うのは $x = 1$ の場合であるから

$$f(1) = {}_{10000}C_1 \left(\frac{1}{100000}\right)^1 \left(\frac{99999}{100000}\right)^{10000-1} = 10000 \times \frac{1}{100000} \times \left(\frac{99999}{100000}\right)^{9999}$$

$$= \frac{1}{10} \times \left(\frac{99999}{100000}\right)^{9999}$$

となる。両辺の対数をとると

$$\ln f(1) = \ln\left(\frac{1}{10}\right) + 9999 \ln\left(\frac{99999}{100000}\right) \cong -2.3 + 9999 \times (-0.00001) \cong -2.4$$

となって

$$f(1) = \exp(-2.4) = 0.0907$$

と与えられる。

演習 7-3 ある半導体工場で、製品のメモリーチップに不良品が現れる確率は 1 万分の 1 である。この工場の 1 日の製造ロットは 500 個である。不良品が 500 個中 3 個以上あると、ユーザーから弁償が求められる。不良品が 3 個発生する確率を求めよ。

解) 不良品の発生はめったに起きないのでポアソン分布に従うと考えられる。この時

$$f(x) = \exp(-\lambda)\frac{\lambda^x}{x!} \qquad \lambda = np$$

ここで、$n = 500$, $p = 0.0001$ であるから $\lambda = np = 0.05$ となる。ここで 3 個の不良品が発生する確率は

$$f(3) = \exp(-0.05)\frac{(0.05)^3}{3!} \cong 0.951\frac{0.000125}{6} \cong 0.00002$$

4個以上不良品が発生する確率は、ほとんど無視できるから、これが3個以上不良品が発生する確率とみなして良い。つまり、この工場ではめったに、3個の不良品が発生することがないことになる。

演習7-4 ポアソン分布の分散を求めよ。

解） ポアソン分布は、離散型分布で、その確率分布関数は

$$f(x) = \exp(-\lambda)\frac{\lambda^x}{x!} \quad (x=0, 1, 2, 3, 4, \cdots)$$

で与えられる。よって分散は

$$E[x^2] = \sum_{x=0}^{\infty} x^2 f(x) = \sum_{x=0}^{\infty} x^2 \exp(-\lambda)\frac{\lambda^x}{x!}$$

$x = 0$ の項は0であるから

$$E[x^2] = \sum_{x=1}^{\infty} x^2 \exp(-\lambda)\frac{\lambda^x}{x!} = \sum_{x=1}^{\infty} x \exp(-\lambda)\frac{\lambda^x}{(x-1)!}$$

ここで

$$y = x - 1$$

という置き換えを行うと

$$E[x^2] = \sum_{x=1}^{\infty} x \exp(-\lambda)\frac{\lambda^x}{(x-1)!} = \sum_{y=0}^{\infty} (y+1) \exp(-\lambda)\frac{\lambda^{y+1}}{y!} = \sum_{y=0}^{\infty} (y+1)\lambda \exp(-\lambda)\frac{\lambda^y}{y!}$$

よって

$$E[x^2] = \lambda\sum_{y=0}^{\infty} y \exp(-\lambda)\frac{\lambda^y}{y!} + \lambda\sum_{y=0}^{\infty} \exp(-\lambda)\frac{\lambda^y}{y!}$$

この式の第 1 項のシグマ記号の和はポアソン分布の平均であり、第 2 項のシグマ記号の和はポアソン分布の和であるから

$$E[x^2] = \lambda^2 + \lambda$$

となる。よって、分散は

$$V[x] = E[x^2] - \{E[x]\}^2 = \lambda^2 + \lambda - \lambda^2 = \lambda$$

となる。

ポアソン分布の分散を別な方法で求めてみよう。ここでは $E[x^2 - x]$ つまり $E[x(x-1)]$ を計算してみる。

$$E[x(x-1)] = \sum_{x=0}^{\infty} x(x-1)e^{-\lambda}\frac{\lambda^x}{x!} = \sum_{x=2}^{\infty} e^{-\lambda}\frac{\lambda^x}{(x-2)!}$$

変形すると

$$E[x(x-1)] = \sum_{x=2}^{\infty} e^{-\lambda}\frac{\lambda^x}{(x-2)!} = \lambda^2 e^{-\lambda}\sum_{x=2}^{\infty}\frac{\lambda^{x-2}}{(x-2)!}$$

ここで $t = x-2$ と置くと

$$\sum_{x=2}^{\infty}\frac{\lambda^{x-2}}{(x-2)!} = \sum_{t=0}^{\infty}\frac{\lambda^t}{t!} = e^{\lambda}$$

となるから

$$E[x(x-1)] = \lambda^2 e^{-\lambda}\sum_{x=2}^{\infty}\frac{\lambda^{x-2}}{(x-2)!} = \lambda^2 e^{-\lambda}e^{\lambda} = \lambda^2$$

ここで期待値の性質から

$$E[x(x-1)] = E[x^2 - x] = E[x^2] - E[x] = \lambda^2$$

となるから

$$E[x^2] = \lambda^2 + E[x] = \lambda^2 + \lambda$$

となる。よってポアソン分布の分散は

$$V[x] = E[x^2] - \{E[x]\}^2 = \lambda^2 + \lambda - \lambda^2 = \lambda$$

となる。

第8章　超幾何分布

　2項分布や多項分布では，1回の試行の確率は常に同じであった。このような試行を**ベルヌーイ試行** (Bernoulli trial) と呼んでいる。例えば、サイコロ投げでは、いつも目の出る確率は、1/6 と一定であり、コイン投げでは表と裏の出る確率は常に 1/2 である。

　ここで、第5章の多項分布で行った演習問題を復習してみよう。カードが 10 枚入った箱を考え、その 10 枚のうちわけは、1 が 1 枚、2 が 5 枚、3 が 4 枚であった。この箱から、1 枚のカードを取り出して、数字を確認した後、ふたたびカードを箱に戻して、4 回カードを引いたときに、2 を 2 枚、3 を 2 枚引く確率を求める。この時、引いたカードを箱に戻しているので、確率は常に一定である。よって、多項分布の公式を使うことができる。いまの場合、2 を 2 枚、3 を 2 枚引く確率は

$$\frac{4!}{2!2!}\left(\frac{1}{2}\right)^2\left(\frac{2}{5}\right)^2$$

で与えられる。

　しかし、実際の福引会場を見ていると、いったん引いたカードは、もとの箱に戻さないのが普通である。演習で、箱にカードを戻すという作業を想定したのは、多項分布を使いたいがための便法だったのである。

　実は、箱にカードを戻さないときの確率は**超幾何分布** (hyper-geometric distribution) と呼ばれる分布で解析することができる。超幾何分布という名前はいかめしいが、その内容はそれほど複雑ではなく、確率計算において非常に重要な分布となっている。そこで、本章では超幾何分布とその応用について紹介する。

第 8 章 超幾何分布

8.1. 超幾何分布とは？

それでは、箱にカードを戻さない場合の確率はどうなるであろうか。まず、簡単な例から考えてみる。いま、箱の中に赤い玉が 2 個、白い玉が 3 個入っている。この時、3 個の玉を取り出したとき、赤い玉が 2 個、白い玉が 1 個になる確率を考えてみよう。

取り出した玉を箱に返す場合には、赤い玉を取り出す確率は常に 2/5、白い玉を取り出す確率は 3/5 であるので、2 項分布を利用することで確率を計算することができる。

ところが、いまの場合、最初に赤の玉を取り出すと、つぎに赤い玉を取り出す確率は 1/4 となり、白い玉を取り出す確率は 3/4 となって、確率が変化していくのである。ここで、赤い玉 2 個と、白い玉 1 個を箱から出す場合

① 赤、赤、白
② 赤、白、赤
③ 白、赤、赤

の 3 通りが考えられる。

まず①の場合を考えると、最初に赤い玉を取り出す確率は、5 個の中の 2 個を取り出す確率であるので 2/5 となる。次に、続けて赤い玉を取り出す確率は、玉の個数が 4 個に減り、そのうちの 1 個が赤い玉であるので 1/4 となる。最後に白い玉を取り出す確率は、残った 3 個はすべて白い玉であるから 3/3 となる。よって

$$\frac{2}{5} \times \frac{1}{4} \times \frac{3}{3} = \frac{1}{10}$$

と与えられる。同様にして②および③の場合の確率は

② $\dfrac{2}{5} \times \dfrac{3}{4} \times \dfrac{1}{3} = \dfrac{1}{10}$

③ $\dfrac{3}{5} \times \dfrac{2}{4} \times \dfrac{1}{3} = \dfrac{1}{10}$

で与えられ、結局、求める確率は

$$\frac{1}{10}+\frac{1}{10}+\frac{1}{10}=\frac{3}{10}$$

となる。このように、場合分けしていけば、問題なく解答にたどりつける。時間に余裕があれば、地道な方法をとるのもひとつの方策であろう。

しかし、こんなことをすべての場合にやっていたのでは、時間がかかる。そこで、何か規則性がないかと探ってみると、上の個々のケースに対応した確率は、順序は違うものの、分子で登場する数字はすべて同じになっている。これは、まったくの偶然であろうか。実はそうではない。ちゃんと規則性があるのである。ここで、確率の基本を再確認してみよう。それは

$$確率 = \frac{ある事象が起こる場合の数}{全事象が起こる場合の数}$$

であった。これを今の場合にあてはめてみると、全事象の場合の数は、5個から3個選ぶ場合の数であるから

$$_5C_3$$

となる。つぎに、いま確率を求めようとしている事象は、赤い玉が2個、白い玉を1個選ぶ場合の数である。ここで赤い玉を2個選ぶ場合の数は、2個から2個選ぶ場合の数なので

$$_2C_2$$

となる。つぎに、白い玉を選ぶ場合の数は、3個から1個選ぶ場合の数なので

$$_3C_1$$

となる。ここで、赤い玉2個と、白い玉1個を選ぶ場合の数は、その積事象となるので

$$_2C_2 \times _3C_1$$

となる。結局、その確率は

$$\frac{_2C_2 \times _3C_1}{_5C_3}$$

で与えられることになる。

これを計算すると

$$\frac{{}_2C_2 \times {}_3C_1}{{}_5C_3} = \frac{1 \times 3}{\frac{5 \times 4 \times 3}{3 \times 2}} = \frac{3}{10}$$

となって、確かに先ほど求めたものと同じ値が得られる。

それでは、いまの問題を一般化してみよう。赤い玉が m 個、白い玉が n 個入った箱があるとしよう。この箱から、玉を r 個取り出したときに、赤い玉が k 個含まれる確率を求めてみる。

まず、すべての事象の場合の数は、$(m+n)$ 個から r 個を選ぶ場合の数であるから

$$_{m+n}C_r$$

となる。次に、確率を求める事象は、赤い玉 m 個の中から k 個を、また白い玉 n 個から $(r-k)$ 個選ぶ場合の数であるから

$$_mC_k \times {}_nC_{r-k}$$

となる。結局、求める確率は

$$\boxed{\frac{{}_mC_k \times {}_nC_{r-k}}{{}_{m+n}C_r}}$$

で与えられることになる。これが、赤い玉が m 個、白い玉が n 個入った箱から、r 個の玉を取り出したときに、赤い玉が k 個含まれている確率である。

これは、赤い玉を k 個取り出す確率であるから、k の変数として

$$p(k) = \frac{{}_mC_k \times {}_nC_{r-k}}{{}_{m+n}C_r}$$

とおく。すると、k は 0 から r まで変化し

$$p(0) + p(1) + p(2) + \ldots + p(r) = 1$$

という関係を満足し確率分布を形成する。このとき、この確率分布を**超幾**

何分布 (hyper-geometric distribution) と呼んでいる。

演習 8-1　赤い玉が 4 個、白い玉が 6 個入った箱がある。この箱から 5 個の玉を取り出した時に、赤い玉が含まれる確率分布を求めよ。

解)　まず、一般式で考えてみよう。超幾何分布の一般式は

$$p(k) = \frac{{}_mC_k \times {}_nC_{r-k}}{{}_{m+n}C_r}$$

であった。いまの場合、取り出した 5 個のうち赤い玉が k 個である確率は、$m=4, n=6, r=5$ と置いて

$$p(k) = \frac{{}_4C_k \times {}_6C_{5-k}}{{}_{10}C_5}$$

と与えられる。よって

$$p(0) = \frac{{}_4C_0 \times {}_6C_5}{{}_{10}C_5} = \frac{6}{\frac{10 \times 9 \times 8 \times 7 \times 6}{5 \times 4 \times 3 \times 2}} = \frac{1}{42}$$

$$p(1) = \frac{{}_4C_1 \times {}_6C_4}{{}_{10}C_5} = \frac{4 \times \frac{6 \times 5}{2}}{\frac{10 \times 9 \times 8 \times 7 \times 6}{5 \times 4 \times 3 \times 2}} = \frac{5}{21}$$

$$p(2) = \frac{{}_4C_2 \times {}_6C_3}{{}_{10}C_5} = \frac{\frac{4 \times 3}{2} \times \frac{6 \times 5 \times 4}{3 \times 2}}{\frac{10 \times 9 \times 8 \times 7 \times 6}{5 \times 4 \times 3 \times 2}} = \frac{10}{21}$$

$$p(3) = \frac{{}_4C_3 \times {}_6C_2}{{}_{10}C_5} = \frac{4 \times \frac{6 \times 5}{2}}{\frac{10 \times 9 \times 8 \times 7 \times 6}{5 \times 4 \times 3 \times 2}} = \frac{5}{21}$$

第8章 超幾何分布

$$p(4) = \frac{{}_4C_4 \times {}_6C_1}{{}_{10}C_5} = \frac{6}{\dfrac{10 \times 9 \times 8 \times 7 \times 6}{5 \times 4 \times 3 \times 2}} = \frac{1}{42}$$

$$p(5) = 0$$

このように、赤い玉は4個しかないので、$k = 5$ になる確率は0となる。また

$$p(0) + p(1) + p(2) + p(3) + p(4) + p(5)$$
$$= \frac{1}{42} + \frac{5}{21} + \frac{10}{21} + \frac{5}{21} + \frac{1}{42} = \frac{1 + 10 + 20 + 10 + 1}{42} = 1$$

となって、確率分布の条件を満足することが分かる。

実は、超幾何分布と呼ばれるのは、この分布の母関数が超幾何関数と呼ばれる関数で表現できることに由来している。つけてしまったものは仕方がないが、もっと分かりやすいネーミングがなかったものかといつも思う。

それでは、演習で2項分布、多項分布の例を復習した後で、超幾何分布の場合の確率計算を実際に行ってみよう。

演習 8-2 52枚のトランプカードから、1枚引いては、もとに戻すという方法で、5枚のカードを引いたときに、ハートを2枚引く確率を求めよ。

解) ハートのスーツを引く確率は 1/4、それ以外のカードを引く確率は 3/4 であるから、2項分布の公式を使うと

$$_5C_2 \left(\frac{1}{4}\right)^2 \left(\frac{3}{4}\right)^3 = \frac{5 \times 4}{2 \times 1} \times \frac{1}{16} \times \frac{27}{64} = \frac{135}{512}$$

となる。

演習 8-3 52 枚のトランプカードから、1 枚引いてはもとに戻すという方法でカードを引くとき、5 枚のカードでハートが 2 枚、スペードが 3 枚になる確率を求めよ。

解) ハートもスペードも、そのスーツを引く確率は、常に 1/4 であるから、多項分布の公式を使うと

$$\frac{5!}{2!3!}\left(\frac{1}{4}\right)^2\left(\frac{1}{4}\right)^3 = \frac{5\times 4}{2\times 1}\left(\frac{1}{4}\right)^5 = \frac{5}{512}$$

となる。

演習 8-4 52 枚のトランプカードから、1 枚引いてはもとに戻すという方法でカードを引くとき、6 枚のカードでダイヤが 1 枚、ハートが 2 枚、スペードが 3 枚になる確率を求めよ。

解) すべてのスーツにおいて、その種類を引く確率は常に 1/4 であるから、多項分布の公式を使うと

$$\frac{6!}{1!2!3!}\left(\frac{1}{4}\right)\left(\frac{1}{4}\right)^2\left(\frac{1}{4}\right)^3 = \frac{6\times 5\times 4}{2\times 1}\left(\frac{1}{4}\right)^6 = \frac{15}{1024}$$

となる。

演習 8-5 52 枚のトランプカードから、一度カードを引いたらもとには戻さないという方法でカードを引くとき、5 枚のカードでハートが 2 枚になる確率を求めよ。

解) 超幾何分布の公式を使うために、問題を整理しなおしてみよう。

この場合、ハートが 13 枚、ハート以外のカードが 39 枚入った箱があると考える。すると、この問題ではハートを 2 枚、ハート以外のカードを 3 枚選ぶ方法の確率となる。

まず分母は、合計 52 枚のカードから 5 枚選ぶ場合の数であるから

第8章　超幾何分布

$$_{52}C_5$$

となる。

つぎに、ハートを 2 枚選ぶ場合の数は $_{13}C_2$ であり、ハート以外のカードを 3 枚選ぶ場合の数は $_{39}C_3$ である。よって求める確率は

$$\frac{_{13}C_2 \times _{39}C_3}{_{52}C_5}$$

となる。後はこの式を計算すれば良い。よって

$$\frac{_{13}C_2 \times _{39}C_3}{_{52}C_5} = \frac{(\frac{13 \times 12}{2}) \times (\frac{39 \times 38 \times 37}{3 \times 2})}{\frac{52 \times 51 \times 50 \times 49 \times 48}{5 \times 4 \times 3 \times 2}} = \frac{164502}{599760} \cong 0.274$$

となり、求める確率は 0.274 と与えられる。

演習 8-6　100 本のくじが入った箱がある。あたりくじは 3 本しか入っておらず、残りはすべてはずれである。ここで、10 本のくじを引いたときに、あたりが出る確率を求めよ。

解)　超幾何分布の公式を使うことができる。ただし、場合分けが必要である。それは、

① 　あたりくじが 1 本で、残り 9 本がはずれ
② 　あたりくじが 2 本で、残り 8 本がはずれ
③ 　あたりくじが 3 本で、残り 7 本がはずれ

まず①の場合の確率は

$$\frac{_3C_1 \times _{97}C_9}{_{100}C_{10}} = \frac{3 \times \frac{97 \times 96 \times 95 \times 94 \times 93 \times 92 \times 91 \times 90 \times 89}{9 \times 8 \times 7 \times 6 \times 5 \times 4 \times 3 \times 2}}{\frac{100 \times 99 \times 98 \times 97 \times 96 \times 95 \times 94 \times 93 \times 92 \times 91}{10 \times 9 \times 8 \times 7 \times 6 \times 5 \times 4 \times 3 \times 2}} = \frac{3 \times 90 \times 89 \times 10}{100 \times 99 \times 98} = \frac{267}{1078}$$

となる。

つぎに②の場合の確率は

$$\frac{{}_3C_2 \times {}_{97}C_8}{{}_{100}C_{10}} = \frac{\dfrac{3\times 2}{2} \times \dfrac{97\times 96\times 95\times 94\times 93\times 92\times 91\times 90}{8\times 7\times 6\times 5\times 4\times 3\times 2}}{\dfrac{100\times 99\times 98\times 97\times 96\times 95\times 94\times 93\times 92\times 91}{10\times 9\times 8\times 7\times 6\times 5\times 4\times 3\times 2}} = \frac{3\times 90\times 10\times 9}{100\times 99\times 98} = \frac{27}{1078}$$

最後に③の場合の確率は

$$\frac{{}_3C_3 \times {}_{97}C_7}{{}_{100}C_{10}} = \frac{\dfrac{97\times 96\times 95\times 94\times 93\times 92\times 91}{7\times 6\times 5\times 4\times 3\times 2}}{\dfrac{100\times 99\times 98\times 97\times 96\times 95\times 94\times 93\times 92\times 91}{10\times 9\times 8\times 7\times 6\times 5\times 4\times 3\times 2}} = \frac{10\times 9\times 8}{100\times 99\times 98} = \frac{2}{2695}$$

よって、当たりくじが出る確率は

$$\frac{267}{1078} + \frac{27}{1078} + \frac{2}{2695} \fallingdotseq 0.273$$

となる。

もちろん、余事象を利用すると、もっと簡単に解法することができる。つまり、10本のくじがすべてはずれである確率を求めるのである。すると、その確率は

$$\frac{{}_3C_0 \times {}_{97}C_{10}}{{}_{100}C_{10}} = \frac{\dfrac{97\times 96\times 95\times 94\times 93\times 92\times 91\times 90\times 89\times 88}{10\times 9\times 8\times 7\times 6\times 5\times 4\times 3\times 2}}{\dfrac{100\times 99\times 98\times 97\times 96\times 95\times 94\times 93\times 92\times 91}{10\times 9\times 8\times 7\times 6\times 5\times 4\times 3\times 2}} = \frac{90\times 89\times 88}{100\times 99\times 98} = \frac{3916}{5390}$$

となり、0.727となる。求める確率は、この余事象であるから、0.273となる。

いずれにしても超幾何分布を使えば、答えを簡単に導くことができる。

第 8 章　超幾何分布

演習 8-7　ある映画撮影でエキストラ 50 名の募集がある。小林家の 3 人が応募したが、全体では 100 名の応募があった。家族のうち一人でもエキストラに選ばれれば、エキストラの日当で家族はその日をしのげるが、もし誰も受からなければ、小林一家は路頭に迷うことになる。小林一家が路頭に迷わずにすむ確率を求めよ。

解)　この確率も超幾何分布を使って計算することができる。まず、全事象は応募者 100 人から 50 人を選ぶ場合の数であるから

$$_{100}C_{50}$$

となる。ここでは余事象、つまり小林家からひとりも選ばれない場合の数を考える。すると、小林家の 3 人から 0 人を、残りの 97 人から 50 人を選ぶ場合の数であるので

$$_{3}C_{0} \times {}_{97}C_{50}$$

となる。したがって、小林家から一人もエキストラが選ばれない確率は

$$\frac{_{3}C_{0} \times {}_{97}C_{50}}{_{100}C_{50}}$$

で与えられることになる。これを計算すると

$$\frac{97 \times 96 \times 95 \times ... \times 50 \times 49 \times 48}{100 \times 99 \times 98 \times ... \times 53 \times 52 \times 51} = \frac{50 \times 49 \times 48}{100 \times 99 \times 98} = \frac{48}{396} \cong 0.12$$

よって、小林家は約 0.88 つまり 88％の確率で、路頭に迷わずにすむことになる。

演習 8-8　ワールドカップサッカーの選手のつきそいとして 50 名の子供が選ばれた。このうち 11 人が、試合開始前の行進で、日本人選手と手をつないで登場することができる。50 名の子供の中にサッカー大ファンの辻家の 3 兄弟が選ばれている。辻家の子供の少なくともひとりが日本人選手と手をつないで登場できる確率を求めよ。

解） この確率も超幾何分布を使って計算することができる。まず、全事象はつきそいの子供 50 人から 11 人を選ぶ場合の数であるから

$$_{50}C_{11}$$

となる。ここでは余事象、つまり辻家の子供が日本人選手と手をつながない場合の数を考える。すると、辻家の 3 兄弟から 0 人を、残りの 47 人から 11 人を選ぶ場合の数であるので

$$_{3}C_{0} \times {}_{47}C_{11}$$

となる。したがって、辻家の 3 兄弟が日本人選手と手のつなげない確率は

$$\frac{_{3}C_{0} \times {}_{47}C_{11}}{_{50}C_{11}}$$

で与えられることになる。これを計算すると

$$\frac{47 \times 46 \times 45 \times \ldots \times 39 \times 38 \times 37}{50 \times 49 \times 48 \times \ldots \times 42 \times 41 \times 40} = \frac{39 \times 38 \times 37}{50 \times 49 \times 48} = \frac{27417}{58800} \cong 0.47$$

よって、辻家の 3 兄弟は約 0.53 つまり 1/2 以上の確率で日本人選手と手をつなぐことができるということになる。

8.2. 超幾何分布の応用

それでは、実際に行われている調査において超幾何分布が利用される有用な方法を紹介しておこう。いま、ある島に生息する鹿の総数を調べたいとする。もちろん、すべての鹿の数を数えればよいが、それでは労力と時間がかかる。

そこで、まず 10 頭の鹿を捕まえ、それにマーキングをするのである。この 10 頭をふたたび島に放流し、しばらくした後再び 10 頭を捕獲する。このとき、3 頭にマーキングがあったとして、この島に生息する鹿の全数はいくらと推測できるであろうか。

この問題で未知数は、鹿の全生息数である。これを n とおく。すると、

第8章　超幾何分布

このうちマーキングのある鹿の数は10頭であり、マーキングのない鹿の数は$n-10$頭ということになる。このとき、再捕獲した10頭の中でマーキングのある鹿をk頭捕獲する確率は超幾何分布に従い

$$p(k) = \frac{{}_{10}C_k \times {}_{n-10}C_{10-k}}{{}_nC_{10}}$$

で与えられることになる。

いまの場合、$k=3$であるから

$$p(3) = \frac{{}_{10}C_3 \times {}_{n-10}C_7}{{}_nC_{10}}$$

のようなnの関数としてあらわすことができる。

当然、この確率はnの値によって変化するが、われわれが求めたいのは、この確率を最大にするnの値である。それが、鹿の全頭数として最も相応しいと考えられるからである。そこで

$$p_3(n) = \frac{{}_{10}C_3 \times {}_{n-10}C_7}{{}_nC_{10}}$$

となる。この値が最大値をとる場合のnの値を求めればよい。数学的には、この右辺をnの関数として、その導関数が0になるnの値を求めればよいことになる。現在は、パーソナルコンピュータが発達しているので、簡単にその値を求めることができるが、ここでは解析的にその値を求めてみる。この式をさらに変形すると

$$p_3(n) = \frac{\frac{10!}{7!3!} \times \frac{(n-10)!}{(n-17)!7!}}{\frac{n!}{(n-10)!10!}} = \frac{10!10!}{7!7!3!} \frac{(n-10)!(n-10)!}{n!(n-17)!}$$

となる。いまの場合、nの最低値としては、マーキングをした10頭のほかに、少なくとも7頭が必要になるので17頭ということになる。すると

$$p_3(17) = \frac{10!10!}{7!7!3!} \frac{(17-10)!(17-10)!}{17!0!} = \frac{10!10!}{17!3!}$$

となる。つぎに 18 頭の場合の確率を計算すると

$$p_3(18) = \frac{10!10!}{7!7!3!} \frac{(18-10)!(18-10)!}{18!1!} = \frac{10!10!8 \times 8}{18!3!} = \frac{10!10!}{17!3!} \times \frac{64}{18}$$

となって

$$p_3(17) < p_3(18)$$

となることが分かる。このように、n の値を大きくしていくと、初めは確率は大きくなる。しかし、ある値を境に再び低下していくことになる。そこで、$n+1$ の場合の一般式を求めて比をとってみよう。すると

$$p_3(n+1) = \frac{10!10!}{7!7!3!} \frac{(n+1-10)!(n+1-10)!}{(n+1)!(n+1-17)!} = \frac{10!10!}{7!7!3!} \frac{(n-9)!(n-9)!}{(n+1)!(n-16)!}$$

であるから

$$p_3(n) = \frac{10!10!}{7!7!3!} \frac{(n-10)!(n-10)!}{n!(n-17)!}$$

との比をとると

$$\frac{p_3(n+1)}{p_3(n)} = \frac{(n-9)!(n-9)!}{(n+1)!(n-16)!} \frac{n!(n-17)!}{(n-10)!(n-10)!} = \frac{(n-9)^2}{(n+1)(n-16)}$$

と与えられる。

$$\frac{p_3(n+1)}{p_3(n)} = \frac{(n-9)^2}{(n+1)(n-16)} = \frac{n^2-18n+81}{n^2-15n-16}$$

よって

$$n^2 - 18n + 81 = n^2 - 15n - 16$$

を満足する整数が求める答えとなる。したがって

$$3n = 97$$

となるが、これを満足する整数はなく、この前後の $n = 32$ あるいは $n = 33$ のいずれかが求める答えとなる。

演習 8-9 島に生息する鹿の総数を調べるために、まず 10 頭の鹿を捕まえマーキングをする。この 10 頭をふたたび島に放流し、しばらくした後、再び 10 頭を捕獲する。このとき、3 頭にマーキングがあった。この島に生息する鹿の全数として最も確からしい値を求めよ。

解) 鹿の全数が n である確率は

$$p_3(n) = \frac{10!10!}{7!7!3!} \frac{(n-10)!(n-10)!}{n!(n-17)!}$$

で与えられる。よって

$$p_3(32) = \frac{10!10!}{7!7!3!} \frac{(32-10)!(32-10)!}{32!(32-17)!} = \frac{10!10!}{7!7!3!} \frac{22!22!}{32!15!}$$

$$p_3(33) = \frac{10!10!}{7!7!3!} \frac{(33-10)!(33-10)!}{33!(33-17)!} = \frac{10!10!}{7!7!3!} \frac{23!23!}{33!16!}$$

ここで、この比を計算すると

$$\frac{p_3(32)}{p_3(33)} = \frac{10!10!}{7!7!3!} \frac{22!22!}{32!15!} \times \frac{7!7!3!}{10!10!} \times \frac{33!16!}{23!23!} = \frac{33 \times 16}{23^2} = 0.998$$

となるので、$p_3(33)$ の確率の方が高いことが分かる。よって、鹿の総数としては 33 頭と推測するのがもっとも確からしいということになる。

以上の推定において、演習で求めた値は、最も尤らしい（もっともらしい）推定値ということから、専門的には**最尤推定値** (the most likelihood estimate) と呼んでいる。

演習 8-10 ある工場では、毎日 1000 個の製品を製造している。この工場の不良品率を求めるために、10 個の抜き取り検査を行ったところ、1 個が不良品であった。この工場の不良品率の最尤推定値を求めよ。

解） ここで、不良品率は 1000 個のうち何個が不良品となるかによって決定される。そこで、これを未知数 n 個と置いてみる。すると、いまの場合、1000 個から 10 個を選んだときに、この n 個から 1 個を、残り $1000-n$ 個から 9 個を選ぶケースに対応するから、その確率は

$$p_1(n) = \frac{{}_nC_1 \times {}_{1000-n}C_9}{{}_{1000}C_{10}}$$

と与えられる。この確率を n の関数とみなして、その最大値を与える n の値を求めれば、それが不良品の個数の最尤推定値となる。

この場合も、n の増加とともに、初めは確率が増大するが、ある値を境に低下する。ここで $n+1$ 個の場合の確率は

$$p_1(n+1) = \frac{{}_{n+1}C_1 \times {}_{1000-n-1}C_9}{{}_{1000}C_{10}}$$

となるので、比をとると

$$\frac{p_1(n+1)}{p_1(n)} = \frac{{}_{n+1}C_1 \times {}_{1000-n-1}C_9}{{}_nC_1 \times {}_{1000-n}C_9} = \frac{n+1}{n} \times \frac{991-n}{1000-n}$$

この値が 1 に等しいときが最大値であるので

$$(n+1)(991-n) = n(1000-n)$$
$$991 + 990n - n^2 = 1000n - n^2 \quad 10n = 991$$

となるが、これを満足する整数はない。よって、前後の $n=99$ あるいは $n=100$ が最尤推定値となる。ここで

$$\frac{p_1(100)}{p_1(99)} = \frac{100}{99} \times \frac{892}{901} = 1.00001$$

と計算できるから、結局 $n=100$ が最尤推定値となる。つまり、不良品率の最尤推定値は 0.1 となる。

8.3. 成分数が3以上の超幾何分布

ところで、以上の超幾何分布は、成分が2種類の場合を想定しているが、3種類の場合はどうなるであろうか。考え方はまったく同じであるので、3種類の場合にも簡単に拡張できる。

いま、ある箱の中に、赤い玉が a 個、白い玉が b 個、青い玉が c 個入っているとする。その中から、n 個の玉を取り出したときに、赤い玉が n_1 個、白い玉が n_2 個、青い玉が n_3 個含まれる確率を求めてみよう。

すると、条件として

$$n = n_1 + n_2 + n_3$$

が成立しなければならない。つぎに、全事象の場合の数は $(a+b+c)$ 個の中から n 個を選ぶ場合の数であるので

$$_{a+b+c}C_n$$

となる。つぎに、赤い玉が n_1 個、白い玉が n_2 個、青い玉が n_3 個含まれる場合の数は

$$_aC_{n_1} \times {_bC_{n_2}} \times {_cC_{n_3}}$$

となる。よって求める確率は

$$\frac{_aC_{n_1} \times {_bC_{n_2}} \times {_cC_{n_3}}}{_{a+b+c}C_n}$$

で与えられることになる。さらに成分の種類が増えても、同様の計算で確率を求めることができる。

演習 8-11 52枚のトランプカードから、一度カードを引いたらもとには戻さないという方法で、カードを引くとき、5枚のカードでハートが2枚、スペードが2枚、クラブが1枚になる確率を求めよ。

解) まず分母は、合計52枚のカードから5枚選ぶ場合の数であるから

$_{52}C_5$ となる。つぎに、ハートを 2 枚選ぶ場合の数は $_{13}C_2$ であり、スペードを 2 枚選ぶ場合の数は $_{13}C_2$、クラブを 1 枚選ぶ場合の数は $_{13}C_1$ であるから、求める確率は

$$\frac{_{13}C_2 \times _{13}C_2 \times _{13}C_1}{_{52}C_5}$$

となる。後はこの式を計算すれば良い。よって

$$\frac{_{13}C_2 \times _{13}C_2 \times _{13}C_1}{_{52}C_5} = \frac{\left(\frac{13 \times 12}{2}\right) \times \left(\frac{13 \times 12}{2}\right) \times 13}{\frac{52 \times 51 \times 50 \times 49 \times 48}{5 \times 4 \times 3 \times 2}} = \frac{1521}{49980} \cong 0.03$$

となり、求める確率は 0.03 と与えられる。

演習 8-12 あるテレビ局の取材で、山岸小学校の 5 年生の生徒 8 人にインタビューをすることになった。5 年生のクラスは全部で A から D まで 4 クラスあり、ひとクラスの人数は 25 名である。出演する生徒は、くじで平等に選ぶことにした。A クラスから 4 人、B クラスから 3 人、C クラスから 1 人選ばれる確率を求めよ

解） まず分母は、合計 100 名から生徒 8 名を選ぶ場合の数であるので

$$_{100}C_8$$

となる。

つぎに、A クラスから 4 名選ぶ場合の数は $_{25}C_4$ であり、B クラスから 3 名選ぶ場合の数は $_{25}C_3$、C クラスから 1 名選ぶ場合の数は $_{25}C_1$ であるから、求める確率は

$$\frac{_{25}C_4 \times _{25}C_3 \times _{25}C_1}{_{100}C_8}$$

となる。後はこの式を計算すれば良い。よって

$$\frac{{}_{25}C_4 \times {}_{25}C_3 \times {}_{25}C_1}{{}_{100}C_8} = \frac{\left(\dfrac{25 \times 24 \times 23 \times 22}{4 \times 3 \times 2}\right) \times \left(\dfrac{25 \times 24 \times 23}{3 \times 2}\right) \times 25}{\dfrac{100 \times 99 \times 98 \times 97 \times 96 \times 95 \times 94 \times 93}{8 \times 7 \times 6 \times 5 \times 4 \times 3 \times 2}} \cong 0.0039$$

となり、求める確率は 0.0039 と与えられる。

8.4. 幾何分布

本章では、超幾何分布を紹介したが、超という名がついているということは、それがない**幾何分布** (geometric distribution) というものが存在するのであろうか。実は、幾何分布もちゃんと存在するのである。

例えば、サイコロを3回振って1の目が1回でも出たら勝ちというゲームで勝つ確率を考えてみよう。すると

① 1回目に1が出る。
② 1回目は1以外の目で、2回目に1が出る。
③ 1回目と2回目は1以外の目で、3回目に1が出る。

と場合分けすることができる。それぞれの確率を計算すると

① $\dfrac{1}{6}$

② $\dfrac{5}{6} \times \dfrac{1}{6} = \dfrac{5}{36}$

③ $\left(\dfrac{5}{6}\right)^2 \times \dfrac{1}{6} = \dfrac{25}{216}$

となり、結局確率は

$$\frac{1}{6} + \frac{5}{36} + \frac{25}{216} = \frac{36 + 30 + 25}{216} = \frac{91}{216} \cong 0.42$$

と与えられる。ところでいまの問題で、4回目に初めて1が出る確率を考え

ると

$$\left(\frac{5}{6}\right)^3 \times \frac{1}{6}$$

となり、5回目に、初めて1が出る確率は

$$\left(\frac{5}{6}\right)^4 \times \frac{1}{6}$$

と計算することができる。同様にして r 回目に、初めて 1 の目が出る確率は

$$\left(\frac{5}{6}\right)^{r-1} \times \frac{1}{6}$$

で与えられることになる。いまの場合に

$$p(r) = \left(\frac{5}{6}\right)^{r-1} \times \frac{1}{6}$$

と書くと、これは r 回目に初めて、1 の目が出る確率を与えることになる。ここで、サイコロを永遠に振りつづければ、やがて 1 の目は出るから

$$p(1) + p(2) + p(3) + \cdots + p(r) + \cdots + p(\infty) = 1$$

となる。これを確かめてみよう。r 回目までに 1 の目が出る確率を足すと

$$p(1) + p(2) + p(3) + \cdots + p(r) = \frac{1}{6} + \frac{5}{6} \times \frac{1}{6} + \left(\frac{5}{6}\right)^2 \times \frac{1}{6} + \left(\frac{5}{6}\right)^3 \times \frac{1}{6} + \cdots + \left(\frac{5}{6}\right)^{r-1} \times \frac{1}{6}$$

となる。これは初項が 1/6 で公比が 5/6 の等比級数の和となっている。よって、その和は

$$\sum_{r=1}^{r} p(r) = p(1) + p(2) + p(3) + \cdots + p(r) = \frac{1}{6} \times \frac{1 - (5/6)^{r-1}}{1 - (5/6)}$$

となる。ここで $r \to \infty$ の極限をとると

第8章 超幾何分布

$$\sum_{r=1}^{\infty} p(r) = \lim_{r \to \infty} \frac{1}{6} \times \frac{1-(5/6)^r}{1-(5/6)} = \frac{1}{6} \frac{1-0}{1-\frac{5}{6}} = 1$$

となって、確率の総和が1になるので、確率分布の条件を満足している。

ここで、幾何分布の一般式を考えてみよう。いま、1回の試行の確率が p の事象 A がある。この試行を繰り返し行ったとき、r 回目にこの事象 A が初めて起こる確率は

$$p(r) = (1-p)^{r-1} p$$

で与えられる。そして、このような確率分布を幾何分布と呼んでいる。ここで、この分布が幾何分布と呼ばれる理由は、この分布が等比級数を形成するためである。実は、等比級数のことを英語で geometric progression と呼ぶが、日本語では幾何級数とも呼ぶからである。英語では geometric progression と geometric distribution と整合性がとれている。

演習 8-13　コイン投げをしたときに、5回目で初めて表が出る確率を求めよ。

解)　コイン投げでは、表と裏の出る確率はともに 1/2 であるので、5回目で初めて表が出る確率は

$$p(5) = \left(\frac{1}{2}\right)^{5-1} \frac{1}{2} = \frac{1}{32}$$

となる。

演習 8-14　ふたりでじゃんけんをした時に、5回目で勝負がつく確率を求めよ。

解)　勝負がつくのは、お互いが違う手を出す場合であり、勝負がつかないのは、お互いが同じ手の場合である。ここで、じゃんけんの手は石、はさみ、紙の3通りである。ひとりが出せる手は、それぞれ3通りであるから、全事象は

$$3 \times 3 = 9$$

となって 9 通りとなる。このうち、引き分けとなるのは、(石、石)(はさみ、はさみ)(紙、紙)の 3 通りである。よって、1 回の試行（じゃんけん）で勝負がつく確率は 2/3 であり、勝負のつかない確率は 1/3 である。よって、求める確率は

$$\left(\frac{1}{3}\right)^{5-1} \frac{2}{3} = \frac{2}{243}$$

となる。

演習 8-15 プロ野球において、巨人対阪神戦の前年の勝率がそれぞれ 0.7 と 0.3 であるとき、ペナントレースで阪神が巨人に開幕 5 連勝し、巨人が 6 戦目で一矢を報いる確率を求めよ。

解) 阪神が開幕から続けて 5 回勝ち、6 戦目で巨人が勝つ事象なので

$$(0.3)^{6-1} \times 0.7 = (0.3)^5 \times 0.7 = 0.0017$$

となる。ほとんど可能性はゼロということになる。

ただし、以上の演習でも分かるように、幾何分布を利用する確率計算は基本的には 2 項分布の考え方を援用すれば解くことができる。

第9章　ガウス関数と正規分布

　小学 2 年生 50 人のクラスに、適当な長さの紐を配って、ちょうど 10cm の長さにはさみで切るように命じたとしよう。それを集めて、長さを測ってみれば、当然のことながら、10cm ぴったりの場合もあるし、それよりも長かったり、短かったりすることもある。小学 2 年生では、まだ手元がおぼつかないであろうから、結構、10cm よりも長くなったり、短くなったりするかもしれない。

　この 10cm からのずれは**誤差** (error) と呼ばれる。当然、生徒によって誤差の大きさは違ってくる。ところで、その誤差には何か傾向があるのであろうか。小学生の仕事であるし、どうせ誤差はまちまちだから、そんな解析をしても意味がないと言われるかもしれない。

　しかし、これが、ある会社の製品で、誤差の大きさによっては製品が不良品として売れなくなるとすると、そう無関心では居られないであろう。誤差が生じるのは仕方がないといって手をこまねいていたら、その会社はつぶれてしまう。では、何か良い対処方法があるのであろうか。

　実は、小学 2 年生の場合でも、50 人程度のデータを集めれば、紐の長さの分布は、図 9-1 に示すような、ある決まったかたちになることが知られている。それは、目標とする寸法の 10cm を中心にして左右対称であり、目標の 10cm 近くにデータが集中し、この値から離れるほど、その数が減っていくというものである。この分布のかたちは、人数を増やせば、より鮮明となってくる。

　同じ実験を小学 6 年生を対象に行ったら、寸法の分布の幅は狭くなるであろうが、その分布の基本的な形は変わらないことが知られている。ところで、この寸法の分布は、図 9-2 に示すように、中心を 10cm から 0cm のところに移すと、誤差の分布に変わる。つまり、寸法の分布と誤差の分布は、中心の位置が違うだけでかたちは同じものとなる。

　例えば、同じ工場の製品でも、ある装置でつくった製品の誤差と、別の

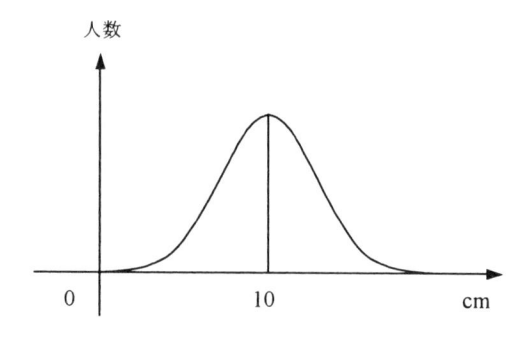

図 9-1　紐の寸法の分布。

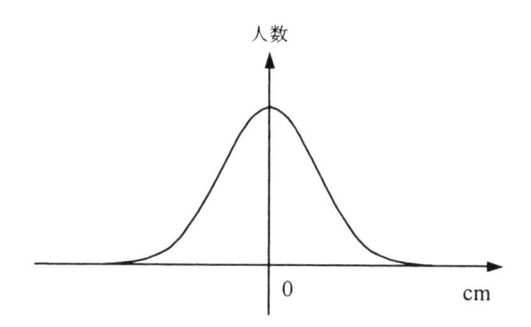

図 9-2　中心を 10cm から 0cm に移すと、誤差の分布に変わるが、かたちは同じである。

　装置でつくった製品の誤差では、当然のことながら、違いが生じる。それは、装置の性能や、作業員の腕、あるいは普段のメンテナンスの仕方にも依存するであろう。差が生じる原因は、それこそ山のようにある。しかしながら、ある製造ラインで生じる誤差の分布には一定の法則があるのである。
　この法則が分かっていれば、その対応策もずいぶん違ったものになる。例えば、誤差の分布が分かっていれば、図 9-2 に示すように、ある範囲に誤差がどれくらい存在するか、その確率を面積比で計算できる。あるいは、工場製品の寸法誤差が大きいと不良品として販売できないが、その分布が分かれば、全製品のうち、どれくらいが不良品となるかの確率、つまり不

良品率を求めることができる。

　好都合なことに、一般の誤差の分布は**初等関数** (elementary function) の**指数関数** (exponential function) を使って、表現することができるのである。

　すでに紹介した 2 項分布やポアソン分布の確率計算において、ある工場における不良品の発生確率を、すでに与えられているものとして計算する方法を紹介した。しかし、不良品の発生確率を決める手段が必要である。もちろん、第 1 章の先祖の知恵で紹介したように、標本を 100 個集めて、その中の不良品の数から確率を計算する方法があるが、それでは、手間がかかる上、問題がある。そのためには、誤差の分布がどのようなものかを知る必要がある。

9.1. ガウス関数

　小学生が測ったひもの長さや、工場における製品寸法などの誤差の分布は、ある決まったかたちの分布をすることが知られている。しかも好都合なことに、非常に簡単な関数で、その分布を表現することができる。その関数とはつぎのかたちをした関数である。

$$y = f(x) = e^{-ax^2} \quad \text{あるいは} \quad f(x) = \exp(-ax^2)$$

ただし、a は正の定数である。ここで、x は誤差に相当し、$f(x)$ は、誤差の頻度に対応する。

　どうして誤差がこのような分布になるかということを理論的に導くことはできないが、数多くの事例で、この関数が誤差の分布に対応することが知られている。この事実を最初に発見したのは、大数学者のガウスであるので、このかたちの関数を**ガウス関数** (Gaussian function) と呼んでいる。

　試しに、この関数をプロットしてみよう。簡単のため、$a = 1$ と置く。つまり

$$f(x) = \exp(-x^2)$$

となる。この関数は

$$f(-x) = \exp(-(-x)^2) = \exp(-x^2) = f(x)$$

のように偶関数であるから、y 軸に関して左右対称となる。つぎに、$x = 0$ を

代入すると
$$f(0) = e^0 = 1$$
となる。また、この導関数を求めると
$$f'(x) = -2x\exp(-x^2)$$
であるので、$x < 0$ では $f'(x) > 0$ となって単調増加、$x > 0$ では $f'(x) < 0$ となって単調減少である。つまり、この関数は y 軸を中心にして左右対称であり、x の絶対値の増加とともに正負の両方向で減少する。また、$x \to \pm\infty$ の極限では
$$\lim_{x \to \pm\infty} \exp(-x^2) = 0$$
となる。

よって、グラフは、中心にピークを持ち、両側で減少し、中心から離れるにしたがって減衰し無限遠で 0 になるという特徴を持った関数となっている。

当然のことながら、誤差の分布は左右対称となり、誤差の大きい標本（つまり寸法の大きく異なる製品）の数は少ないはずである。よって、この関数は定性的に誤差の分布の特徴をうまく表現していることになる。

演習 9-1　導関数を利用して関数 $y = e^{-x^2}$ の変曲点 (inflection point) を求めよ。

解）　$t = -x^2$ とおくと $y = e^t$ であり $dt/dx = -2x$ であるから
$$\frac{dy}{dx} = \frac{dy}{dt}\frac{dt}{dx} = e^t(-2x) = (-2x)e^{-x^2}$$
となる。つまり、$x < 0$ では $dy/dx > 0$ で単調増加、$x > 0$ では $dy/dx < 0$ で単調減少となる。また $x = 0$ は極大点である。さらに、2 階導関数を求めると
$$\frac{d^2y}{dx^2} = \frac{d[(-2x)e^{-x^2}]}{dx} = -2e^{-x^2} + (-2x)(-2x)e^{-x^2} = e^{-x^2}(4x^2 - 2)$$
となる。ここで、変曲点は $d^2y/dx^2 = 0$ を満足する点であるから

$$x = \pm\sqrt{\frac{1}{2}} \cong \pm 0.707$$

となる。

よって、$y = \exp(-x^2)$ のグラフの特徴をまとめると

x	$-\infty$		$-1/\sqrt{2}$		0		$+1/\sqrt{2}$		$+\infty$
$f(x)$	0	↗	$1/e^{1/2}$	↗	1	↘	$1/e^{1/2}$	↘	0
$f'(x)$		+		+	0	−		−	
$f''(x)$			0				0		

となり、このグラフは左右対称であるので、正の領域で考えると単調減少であるが、$0 \leq x < 0.707$ では上に凸のグラフであり、$0.707 < x$ では下に凸のグラフとなる。結局、グラフは図 9-3 のようになり、ちょうど外国製のベルのような形状をしている。また、中心から離れるにしたがって減衰し無限遠で 0 になるという特徴を持っている。このようなかたちの関数が誤差の分布をうまく表現できるということは定性的には理解できる。

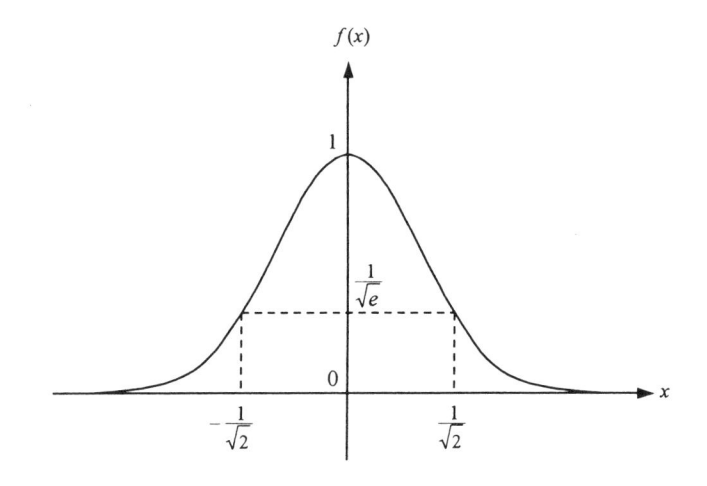

図 9-3　ガウス関数 $f(x) = \exp(-x^2)$ のグラフ。

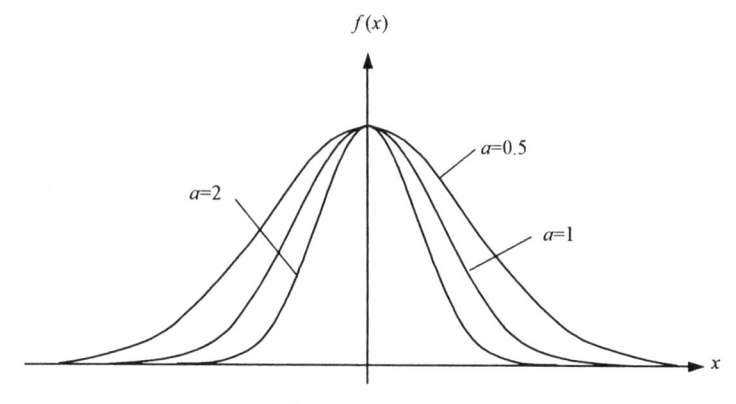

図 9-4　$f(x) = \exp(-ax^2)$ において、$a=0.5, 1, 2$ に対応したグラフ。

以上の解析では、ガウス関数の定数項 a を 1 としているが、ここで一般式

$$y = \exp(-ax^2)$$

にある定数 a の意味を考えてみよう。まず、この定数は正でなければならない。なぜなら、この定数が負であれば、この関数が発散して、$x \to \infty$ で無限大になってしまうからである。

つぎに、a の値が大きいと、x の増加とともに関数の値は急激に減少するが、a の値が小さいと、いつまでも尾を引いていく。つまり、分布の拡がりに対応した定数であることが分かる。例えば、a の値として 2, 1, 0.5 としてグラフを描くと、図 9-4 に示すように、a の値が小さいほどすそ拡がりのグラフとなることが分かる。製品誤差という観点からは、a の値が大きいほど優秀ということになる。

冒頭の例では、おそらく小学 2 年生の誤差の分布の a の値は、小学 6 年生の a の値よりも小さくなるであろう。工場の製品ラインの管理者という立場からは、このラインの誤差の分布関数における a の値をできるだけ大きくするような方策をとる必要があるということになる。

9.2. ガウス関数の積分

誤差の分布がガウス関数に従うということが分かっているとしよう。そ

のうえで、どのように数学的に誤差を解析したらいいのであろうか。まず、ガウス関数を変形して、それが実際の誤差の分布に従うようにしなければならない。

ここで、この関数が誤差の分布に対応したものになるためには、この関数を誤差つまり x が $-\infty \leq x \leq +\infty$ の範囲で積分したら、その値は製品の総数にならなければならない。当然のことながら、誤差が無限大の範囲には、すべての製品が含まれていなければならないからである。実は、ガウス関数の積分はすでに詳しく調べられており

$$I = \int_{-\infty}^{+\infty} \exp(-ax^2) dx = \sqrt{\frac{\pi}{a}}$$

と与えられることが分かっている（**補遺**2参照）。よって、製品の総数を N とすると、ガウス関数として

$$f(x) = Ae^{-ax^2}$$

を考え

$$\int_{-\infty}^{+\infty} Ae^{-ax^2} dx = A\sqrt{\frac{\pi}{a}} = N$$

を満足するように、定数を決めればよいことになる。したがって

$$A = \frac{N\sqrt{a}}{\sqrt{\pi}}$$

と置けば、製品総数 N の度数分布を示す関数 $n(x)$ は

$$n(x) = \frac{N\sqrt{a}}{\sqrt{\pi}} e^{-ax^2}$$

となる。

9.3. 誤差の分布を示す関数

ガウス関数を利用すると、総数が N の製品に現れる誤差の分布を表現することができる。その関数は

$$n(x) = \frac{N\sqrt{a}}{\sqrt{\pi}} e^{-ax^2}$$

というかたちをしている。ここで定数 a は、分布の大きさを決める係数であるが、ここで

$$2V = \frac{1}{a} \qquad a = \frac{1}{2V}$$

という置き換えをする。この定数 V は、分布の幅が広いほど大きいという特徴を有しており、専門的には**分散** (variance) と呼ばれる。すると

$$n(x) = \frac{N}{\sqrt{2\pi V}} e^{\frac{-x^2}{2V}}$$

と与えられる。これが、データ総数が N の誤差の分布を示す関数である。べきの項が分かりやすいように

$$n(x) = \frac{N}{\sqrt{2\pi V}} \exp\left(\frac{-x^2}{2V}\right)$$

と表記することもできる。

さて、この分布関数を見て気づくのは、データ総数 N は、必ずしもなくともよいという事実である。つまり、**誤差の分布そのもの**を決定づける関数は

$$f(x) = \frac{1}{\sqrt{2\pi V}} \exp\left(\frac{-x^2}{2V}\right)$$

であることが分かる。この関数を $-\infty \leq x \leq +\infty$ の範囲で積分すれば、その値は 1 となる。

$$\int_{-\infty}^{\infty} \frac{1}{\sqrt{2\pi V}} \exp\left(\frac{-x^2}{2V}\right) dx = 1$$

もちろん、N をかければ、データの総数が得られる。つまり、ある範囲で、

関数 $f(x)$ を積分すれば、その区間に存在するデータの数の全体に対する割合が得られることになる。実は、このような操作をすると、$f(x)$は確率密度を与える関数になり、誤差はすでに紹介した確率変数ということになる。この時、$f(x)dx$ は、誤差が dx の範囲に入る確率を与える。あるいは

$$\int_a^b f(x)dx$$

という積分は、誤差が $a \leq x \leq b$ という範囲に入る確率を与えることになる。よって、確率の記号を使って書けば

$$p(a \leq x \leq b) = \int_a^b \frac{1}{\sqrt{2\pi V}} \exp\left(\frac{-x^2}{2V}\right)dx$$

と書くことができる。このように、誤差の分布が分かり、しかも、それをある関数で表すことができれば、誤差がどのような範囲に入るかという確率を求めることができるのである。例えば、ある製品の寸法誤差が臨界値 α 以上となった時に、不良品扱いするとすれば

$$p(x \geq \alpha) = \int_\alpha^\infty \frac{1}{\sqrt{2\pi V}} \exp\left(\frac{-x^2}{2V}\right)dx$$

が不良品となる確率となる。ただし、マイナス側、つまり寸法が短い場合にも不良品となるときには

$$p(x \leq -\alpha) = \int_{-\infty}^{-\alpha} \frac{1}{\sqrt{2\pi V}} \exp\left(\frac{-x^2}{2V}\right)dx$$

も足し合わせる必要がある。ただし、この関数は左右対称であるから、まとめて

$$p(|x| \geq \alpha) = 2\int_\alpha^\infty \frac{1}{\sqrt{2\pi V}} \exp\left(\frac{-x^2}{2V}\right)dx$$

と書くこともできる。これは誤差の大きさが α 以上になる確率つまり、不良品率を表している。ここで、もう一度誤差の確率分布を示すガウス関数を取り出すと、それは

$$f(x) = \frac{1}{\sqrt{2\pi V}} \exp\left(\frac{-x^2}{2V}\right)$$

のかたちをしている。この関数において、未知の変数は、この分布の分散の V だけである。よって、V さえ分かれば誤差の分布をすべて知ることができるのである。試しに $V=1$ を代入してみよう。これは誤差の分散が 1 という分布に対応するが、この場合

$$f(x) = \frac{1}{\sqrt{2\pi}} \exp\left(\frac{-x^2}{2}\right)$$

となる。これが、製品寸法 10cm の誤差で、その誤差が 1cm 以上で不良品になるとすると、不良品となる確率は

$$p(|x| \geq 1) = 2\int_1^\infty \frac{1}{\sqrt{2\pi}} \exp\left(\frac{-x^2}{2}\right) dx$$

という積分で与えられることになる。実は、この積分を解析的に解くことは、あまり簡単ではない。最近のパソコンでは、この積分は、すでに組み込み関数となっていて、データを入力すれば簡単に値が得られるようになっている。パソコンがそれほど発達していなかった時代には、この積分の値を計算した表が用意されていて、その表から、積分の値を便宜的に求めていたのである。その説明は後ほど詳しく行うが、ここでは結果だけ示すと

$$\int_1^\infty \frac{1}{\sqrt{2\pi}} \exp\left(\frac{-x^2}{2}\right) dx = 0.1587$$

ということが分かっており、よって

$$p(|x| \geq 1) = 0.3174$$

となって、不良品の発生確率はなんと 3 割以上ということになる。これだけ成績が悪いのはひとえに分散が $V=1$ であったからである。よって、工場の管理者は、この値をもっと小さくする方策を取らなければならないということになる。

第9章 ガウス関数と正規分布

　ところで、分散(V)さえ分かれば、誤差の分布を知ることが出来ると説明したが、それでは、どうやって分散を求めればよいのであろうか。

　第1章で、夕焼けが出た次の日が晴れる確率を求めるために、データを集めたように、分散を求めるためには、データを抽出する必要がある。このデータ数は多いほど良いのであるが、ここでは、誤差のデータが3個あり、$x = -1, 0, 1$ であったとしよう。この結果から V を求めるのである。とりあえず、V が未知のものとして、先ほどの確率密度関数に代入すると

$$f(-1) = \frac{1}{\sqrt{2\pi V}} \exp\left(\frac{-(-1)^2}{2V}\right) = \frac{1}{\sqrt{2\pi V}} \exp\left(\frac{-1}{2V}\right)$$

$$f(0) = \frac{1}{\sqrt{2\pi V}} \exp\left(\frac{-(0)^2}{2V}\right) = \frac{1}{\sqrt{2\pi V}}$$

$$f(1) = \frac{1}{\sqrt{2\pi V}} \exp\left(\frac{-(1)^2}{2V}\right) = \frac{1}{\sqrt{2\pi V}} \exp\left(\frac{-1}{2V}\right)$$

という3個の関数が得られる。実は、これら関数では、V が未知のままであるから V の関数とみなすことができる。ここで

$$L(V) = f(-1) \cdot f(0) \cdot f(1)$$

のように、3つの関数の積をとり、これを V の関数と考える。この関数は V の値によって、当然変化するが、V がもっとも相応しい値を示したときに最大になると考えられる。なぜなら、これら関数は、すべて $f(x) < 1$ であり、本来の関数形からずれていると、積をとったときに値が小さく出てしまうからである。これが極値をとる条件は

$$\frac{dL(V)}{dV} = 0$$

である。よって、この条件を満足する V の値が、目指す分散である。いまの場合には

$$L(V) = f(-1) \cdot f(0) \cdot f(1) = \left(\frac{1}{\sqrt{2\pi V}}\right)^3 \exp\left(-\frac{1}{V}\right) = \left(\frac{1}{\sqrt{2\pi}}\right)^3 V^{-\frac{3}{2}} \exp\left(-\frac{1}{V}\right)$$

となる。よって

$$\frac{dL(V)}{dV} = \left(\frac{1}{\sqrt{2\pi}}\right)^3 \left(-\frac{3}{2}\right) V^{-\frac{5}{2}} \exp\left(-\frac{1}{V}\right) + \left(\frac{1}{\sqrt{2\pi}}\right)^3 V^{-\frac{3}{2}} \exp\left(-\frac{1}{V}\right) \frac{1}{V^2}$$

$$= \left(\frac{1}{\sqrt{2\pi}}\right)^3 \left(-\frac{3}{2}\right) V^{-\frac{5}{2}} \exp\left(-\frac{1}{V}\right) + \left(\frac{1}{\sqrt{2\pi}}\right)^3 V^{-\frac{7}{2}} \exp\left(-\frac{1}{V}\right)$$

$$= \left(\frac{1}{\sqrt{2\pi}}\right)^3 V^{-\frac{5}{2}} \exp\left(-\frac{1}{V}\right) \left(\frac{1}{V} - \frac{3}{2}\right)$$

これが 0 となるのは

$$\frac{1}{V} - \frac{3}{2} = 0 \qquad V = \frac{2}{3}$$

のときであるが、これが分散の値を与えるということが分かる。つまり、この標本が従う分布は

$$f(x) = \frac{1}{\sqrt{2\pi \times \frac{2}{3}}} \exp\left(\frac{-x^2}{2 \times \frac{2}{3}}\right) = \sqrt{\frac{3}{4\pi}} \exp\left(\frac{-3x^2}{4}\right)$$

と与えられる。

それでは、この考えを一般の場合に拡張してみよう。いま、誤差のデータとして x_1 から x_n まで n 個与えられているものとする。このとき

$$L(V) = f(x_1) \cdot f(x_2) \cdots f(x_n)$$

となる。具体的には

第9章　ガウス関数と正規分布

$$L(V) = \frac{1}{\sqrt{2\pi V}} \exp\left(\frac{-x_1^2}{2V}\right) \cdot \frac{1}{\sqrt{2\pi V}} \exp\left(\frac{-x_2^2}{2V}\right) \cdots \frac{1}{\sqrt{2\pi V}} \exp\left(\frac{-x_n^2}{2V}\right)$$

という関数となる。これを整理すると

$$L(V) = \left(\frac{1}{\sqrt{2\pi V}}\right)^n \exp\left(-\frac{x_1^2 + x_2^2 + \cdots + x_n^2}{2V}\right)$$

$$= \left(\frac{1}{\sqrt{2\pi}}\right)^n V^{-\frac{n}{2}} \exp\left(-\frac{x_1^2 + x_2^2 + \cdots + x_n^2}{2V}\right)$$

この関数を微分したものが0となるようなVの値が分散ということになる。この関数をVで微分すると

$$\frac{dL(V)}{dV} = \left(\frac{1}{\sqrt{2\pi}}\right)^n \left(-\frac{n}{2}\right) V^{-\frac{n}{2}-1} \exp\left(-\frac{x_1^2 + x_2^2 + \cdots + x_n^2}{2V}\right)$$

$$+ \left(\frac{1}{\sqrt{2\pi}}\right)^n V^{-\frac{n}{2}} \left(\frac{x_1^2 + x_2^2 + \cdots + x_n^2}{2V^2}\right) \exp\left(-\frac{x_1^2 + x_2^2 + \cdots + x_n^2}{2V}\right)$$

これを整理すると

$$\frac{dL(V)}{dV} = \left(\frac{1}{\sqrt{2\pi}}\right)^n V^{-\frac{n}{2}} \exp\left(-\frac{x_1^2 + x_2^2 + \cdots + x_n^2}{2V}\right) \cdot \left(\frac{x_1^2 + x_2^2 + \cdots + x_n^2}{2V^2} - \frac{n}{2V}\right)$$

この値が0になるのは

$$\frac{x_1^2 + x_2^2 + \cdots + x_n^2}{2V^2} - \frac{n}{2V} = 0$$

のときである。結局、分散は

$$V = \frac{x_1^2 + x_2^2 + \cdots + x_n^2}{n}$$

と与えられることになる。

よって、誤差のデータが与えられれば、それをもとに、その誤差が従う確率密度関数を求めることができるのである。

演習 9-2 ある製靴工場の製造ラインで、25cm サイズのシューズを 5 個取り出して、その寸法誤差を調べたところ

$$0.2, \quad -0.3, \quad 0.1, \quad 0, \quad 0.5 \text{ (cm)}$$

というデータが得られた。25cm サイズの場合、0.5cm 大きくても、小さくても製品として不合格となってしまう。このラインの不良品が出る確率を求めよ。

解) まず、誤差の分布がガウス関数に従うと仮定する。すると、その確率密度関数は

$$f(x) = \frac{1}{\sqrt{2\pi V}} \exp\left(\frac{-x^2}{2V}\right)$$

で与えられる。誤差のデータから分散 (V) を求めると

$$V = \frac{(0.2)^2 + (-0.3)^2 + (0.1)^2 + 0^2 + (0.5)^2}{5} = \frac{0.39}{5} = 0.078$$

となる。よって、確率密度関数は

$$f(x) = \frac{1}{\sqrt{2\pi \times 0.078}} \exp\left(\frac{-x^2}{0.156}\right) \cong 1.4 \exp\left(\frac{-x^2}{0.156}\right)$$

ここで、不良品が出る確率は

$$p(|x| \geq 0.5) = 2.8 \int_{0.5}^{\infty} \exp\left(\frac{-x^2}{0.156}\right) dx$$

で与えられる。これを計算すると

$$p(|x| \geq 0.5) \cong 0.074$$

となる(計算方法は後ほど紹介する)。これが、このラインで不良品が発生する確率である。

以上のように、誤差の分布がガウス関数に従うという仮定のもとに、誤差のデータを利用して、その分布の分散 (V) が得られると、誤差の発生確率を計算することができるようになる。

いまの例で、5個の標本の中で不良品は1個であるから、その確率は0.2と計算することもできる。しかし、この方法では正確な値は得られない。この理由は、せっかく寸法誤差のデータがあるにもかかわらず、それを使っていないからである。分布のかたちが分かれば、これら数値データを有効に活用することができるのである。

実は、この関数は誤差の分布だけではなく、数多くの成分からなる集団に対して、その分布をよく表現できることが知られている。

10cmの紐の長さの分布で紹介したように、実は、誤差の分布と、紐の長さの分布そのものは変わらない。誤差の分布では、中心が0になるが、長さの分布では中心が10cmの位置に移動する。この場合、すべてのデータが平行移動するので、分布のかたちはまったく変わらない。関数として、これに対処するのは簡単で

$$f(x) = \frac{1}{\sqrt{2\pi V}} \exp\left(\frac{-x^2}{2V}\right) \quad \rightarrow \quad f(x) = \frac{1}{\sqrt{2\pi V}} \exp\left(\frac{-(x-10)^2}{2V}\right)$$

のように変化させれば良いのである。こうすれば、誤差の分布が中心を10cmとする寸法の分布に変わる。これは、すべての分布に対して適応することができる。そこで、中心の値をμと置くと

$$f(x) = \frac{1}{\sqrt{2\pi V}} \exp\left(\frac{-(x-\mu)^2}{2V}\right)$$

という関数が、一般の分布を表現することになる。すぐ考えれば分かることであるが、この中心の値μは、実は分布の対象となっているものの平均値となる。

例えば、ひとの身長の分布はガウス関数に従う。この場合μは平均身長ということになる。また、大学模擬試験の結果もガウス関数に従うことが知られているが、この場合のμは平均点ということになる。つまり、ガウス関

数は、誤差の分布だけではなく、いろいろな分布に対応するのである。

このような分布を**ガウス分布** (Gaussian distribution)と呼んでいる。あるいは、ごくごく当たり前の分布であるということから**正規分布** (normal distribution) と呼んでいる[1]。かつては、すべての分布が、正規分布に従うと考えられていた時代もあったが、現在では、正規分布以外の分布の存在も知られている。いずれ、確率を扱う場合に、正規分布は非常に強力な武器となる。

実は、後で紹介するように、2項分布においても試行の回数が増えれば、正規分布に近づいていくことが知られている。

演習 9-3 一般の正規分布において、n 個のデータ $x_1, x_2, \cdots, x_n$ が与えられているときに、その分散 V を求めよ。

解) 一般の正規分布に対応した確率密度関数は

$$f(x) = \frac{1}{\sqrt{2\pi V}} \exp\left(\frac{-(x-\mu)^2}{2V}\right)$$

である。ここで x に $x_1, x_2, \ldots, x_n$ を代入し

$$f(x_1) = \frac{1}{\sqrt{2\pi V}} \exp\left(\frac{-(x_1-\mu)^2}{2V}\right) \quad \cdots \quad f(x_n) = \frac{1}{\sqrt{2\pi V}} \exp\left(\frac{-(x_n-\mu)^2}{2V}\right)$$

これら関数の積で、新たに V を変数とする関数 $L(V)$ をつくる。

$$L(V) = f(x_1) \cdot f(x_2) \cdots f(x_n)$$

具体的には

$L(V)$

$$= \frac{1}{\sqrt{2\pi V}} \exp\left(\frac{-(x_1-\mu)^2}{2V}\right) \cdot \frac{1}{\sqrt{2\pi V}} \exp\left(\frac{-(x_2-\mu)^2}{2V}\right) \cdots \frac{1}{\sqrt{2\pi V}} \exp\left(\frac{-(x_n-\mu)^2}{2V}\right)$$

---

[1] 日本語で正規分布というと堅苦しいが、英語では normal つまり、ごく普通の分布という名前がつけられている。

という関数となる。これを整理すると

$$L(V) = \left(\frac{1}{\sqrt{2\pi V}}\right)^n \exp\left(-\frac{(x_1-\mu)^2 + (x_2-\mu)^2 + \cdots + (x_n-\mu)^2}{2V}\right)$$

$$L(V) = \left(\frac{1}{\sqrt{2\pi}}\right)^n V^{-\frac{n}{2}} \exp\left(-\frac{(x_1-\mu)^2 + (x_2-\mu)^2 + \cdots + (x_n-\mu)^2}{2V}\right)$$

この関数を微分したものが 0 となるような V の値が分散ということになる。この関数を V で微分すると

$$\frac{dL(V)}{dV} = \left(\frac{1}{\sqrt{2\pi}}\right)^n \left(-\frac{n}{2}\right) V^{-\frac{n}{2}-1} \exp\left(-\frac{(x_1-\mu)^2 + (x_2-\mu)^2 + \cdots + (x_n-\mu)^2}{2V}\right)$$

$$+ \left(\frac{1}{\sqrt{2\pi}}\right)^n V^{-\frac{n}{2}} \left(\frac{(x_1-\mu)^2 + \cdots + (x_n-\mu)^2}{2V^2}\right) \exp\left(-\frac{(x_1-\mu)^2 + \cdots + (x_n-\mu)^2}{2V}\right)$$

これを整理すると

$$\frac{dL(V)}{dV}$$

$$= \left(\frac{1}{\sqrt{2\pi}}\right)^n V^{-\frac{n}{2}} \exp\left(-\frac{(x_1-\mu)^2 + \cdots + (x_n-\mu)^2}{2V}\right) \left(\frac{(x_1-\mu)^2 + \cdots + (x_n-\mu)^2}{2V^2} - \frac{n}{2V}\right)$$

この値が 0 になるのは

$$\frac{(x_1-\mu)^2 + (x_2-\mu)^2 + \cdots + (x_n-\mu)^2}{2V^2} - \frac{n}{2V} = 0$$

のときである。結局、分散は

$$V = \frac{(x_1-\mu)^2 + (x_2-\mu)^2 + \cdots + (x_n-\mu)^2}{n}$$

で与えられることになる。

　ここで、分散の意味を少し考えてみよう。この分子は、標本の値が平均からどれだけずれているかを平方したものの和である。平方することによって、平均からのずれが正であっても、負であっても平等にずれの度合いを測ることができる。しかし、この値を足し合わせると成分の数が多いほど、この値も大きくなってきて、分布の指標としては相応しくない。そこで、成分数の n で割ることで規格化しているのである。この操作により、分散は、分布の拡がり具合を示す指標として使うことができる。

　ただし、このままでは、分布の拡がりの大きさという意味では、平方している分、その値が大きくなっている。そこで平均からの**偏差** (deviation) を考える場合には、分散の平方根をとるのである。つまり

$$\sqrt{V} = \sqrt{\frac{(x_1 - \mu)^2 + (x_2 - \mu)^2 + \cdots + (x_n - \mu)^2}{n}}$$

という値を求めれば、これが、この分布に属している標本が、その平均からどれだけ離れているかを示す指標となる。この値を専門的には**標準偏差** (standard deviation) と呼んでおり、記号としてσを使う。つまり

$$\sigma = \sqrt{\frac{(x_1 - \mu)^2 + (x_2 - \mu)^2 + \cdots + (x_n - \mu)^2}{n}}$$

となる。実際に、身長や成績などの分布を解析する時には、分散よりも標準偏差を使うことが多い。なぜなら、標準偏差では、もとの単位をそのまま使えるからである。

　例えば、「日本の男子中学生の平均身長は160cmで、その標準偏差は10cmである」と表現することができるが、これが分散では「日本の男子中学生の平均身長は160cmで、その分散は100cm^{2}である」となってしまうからである。

9.4. 正規分布の積分計算

　誤差の分散の場合には中心（つまり分布の平均）が 0 になることが分かっている。しかし、一般の分布の場合には、平均が分かっている場合もあるが、必ずしも明らかでない場合の方が多い。

　例えば、10cm の長さに紐を切る作業をする場合は、中心が 10cm ということが分かるが、大学入試模擬試験や日本人の平均身長などは明確ではない。つまり、普通の正規分布を考える場合には、分散だけではなく、平均が未知である場合が多いのである。

　よって正規分布を表現するときには、normal distribution の頭文字である N を使って

$$N(\mu, V) \quad \text{あるいは} \quad N(\mu, \sigma^2)$$

のように表記する。逆の視点に立てば、これら 2 つの値が分かれば、どのような正規分布であるかが分かるのである。この分布に対応した確率密度関数は

$$f(x) = \frac{1}{\sqrt{2\pi V}} \exp\left(\frac{-(x-\mu)^2}{2V}\right) \quad \text{あるいは} \quad f(x) = \frac{1}{\sqrt{2\pi}\sigma} \exp\left(\frac{-(x-\mu)^2}{2\sigma^2}\right)$$

で与えられる。（どちらの式を使ってもよいのだが、これ以降の説明は標準偏差 σ を使った式を用いる。）

　このように、分布をガウス関数で表現できれば、ある範囲にデータが存在する確率を

$$p(a \leq x \leq b) = \int_a^b \frac{1}{\sqrt{2\pi}\sigma} \exp\left(\frac{-(x-\mu)^2}{2\sigma^2}\right) dx$$

という積分で計算することができる。しかし、前にも紹介したように、この積分を解析的に解くことはできない。せっかく、ここまで来て、計算ができないのでは、何のために分布関数を導いたかが分からない。もちろん解析的に解けないからといって、手がないわけではない。その計算方法を紹介する前に、この一般式を整理しておこう。

　まず、$t = x - \mu$ という変数変換を行うと、$dt = dx$ であるから、上の積分は

$$\int_{a-\mu}^{b-\mu}\frac{1}{\sqrt{2\pi}\sigma}\exp\left(\frac{-t^2}{2\sigma^2}\right)dt$$

と簡単化できる。先ほど、原点に関して対称な分布を、わざわざ中心が平均値になるように移動したにもかかわらず、それを再び中心が $t=0$ になるように変数変換したのでは、順序が逆転しているように感じるかもしれない。これは、この積分を計算するための下準備である。

実は、平均を移すだけでなく、さらなる変換をすると、この被積分関数はもっと簡単化できる。それは

$$z = \frac{t}{\sigma}$$

という変数変換である。こうすると $dz = \dfrac{dt}{\sigma}$ となるから、先ほどの積分は

$$\int_{\alpha}^{\beta}\frac{1}{\sqrt{2\pi}}\exp\left(\frac{-z^2}{2}\right)dz \quad \left(\text{ただし}\alpha = \frac{a-\mu}{\sigma},\ \beta = \frac{b-\mu}{\sigma}\right)$$

のように、被積分関数を非常に簡単なかたちに変形できる。つまり、適当な変数変換によって

$$\int_{a}^{b}\frac{1}{\sqrt{2\pi}\sigma}\exp\left(\frac{-(x-\mu)^2}{2\sigma^2}\right)dx \quad \rightarrow \quad \int_{\alpha}^{\beta}\frac{1}{\sqrt{2\pi}}\exp\left(\frac{-z^2}{2}\right)dz$$

という被積分関数の簡単化が可能であることを示している。ここで2段の変換を行ったが、まず、最初の変数変換は分布の中心を平均値である $x=\mu$ から $t=0$ に移動したものであった。つぎの変数変換は、標準偏差 σ を1とした変換に対応する。これら2段の変換をひとつにまとめれば

$$z = \frac{x-\mu}{\sigma}$$

という変数変換に対応する。この変数に対応した分布関数は

$$f(z) = \frac{1}{\sqrt{2\pi}} \exp\left(\frac{-z^2}{2}\right)$$

となる。これは、**平均が0で標準偏差が1の正規分布**に相当する。つまり

$$N(0, 1^2)$$

と書くことができる。このような正規分布を特に**標準正規分布** (standard normal distribution) と呼んでいる。つまり、すべての正規分布は

$$z = \frac{x - \mu}{\sigma}$$

という変数変換を行えば、すべて標準正規分布に変換することができるのである。よって、標準正規分布の積分計算をまず行い、そののち

$$x = \sigma z + \mu$$

という逆の変数変換を行うと、一般の正規分布 $N(\mu, \sigma^2)$ に変換することが可能となる。結局、この基本形の積分計算さえ行えば、すべての正規分布に対応した積分結果を得ることができるのである。

よって問題は

$$I(z) = \int_0^z \frac{1}{\sqrt{2\pi}} \exp\left(\frac{-z^2}{2}\right) dz$$

という積分をいかに実施するかである。つまり、われわれが計算する必要があるのは

$$\int_0^a \exp(-x^2) dx$$

というかたちをした積分である。

それでは、上の定積分はどのようにして求めたら良いのであろうか。実は、このような積分を求める場合の常套手段として、級数展開を利用する

方法がある。**補遺** 1 に示すように、指数関数は

$$\exp(x) = 1 + \frac{1}{1!}x + \frac{1}{2!}x^2 + \frac{1}{3!}x^3 + \frac{1}{4!}x^4 + \cdots + \frac{1}{n!}x^n + \cdots$$

というべき級数に展開することができる。この展開式を利用すると

$$\exp(-x^2) = 1 + \frac{1}{1!}(-x^2) + \frac{1}{2!}(-x^2)^2 + \frac{1}{3!}(-x^2)^3 + \frac{1}{4!}(-x^2)^4 + \cdots$$

となる。まとめると

$$\exp(-x^2) = 1 - \frac{1}{1!}x^2 + \frac{1}{2!}x^4 - \frac{1}{3!}x^6 + \frac{1}{4!}x^8 + \cdots$$

となり、この関係を利用すると

$$\int \exp(-x^2)dx = x - \frac{1}{3 \cdot 1!}x^3 + \frac{1}{5 \cdot 2!}x^5 - \frac{1}{7 \cdot 3!}x^7 + \frac{1}{9 \cdot 4!}x^9 - \cdots + const$$

という積分結果が得られる。これを利用すると

$$\int_0^a \exp(-x^2)dx = a - \frac{1}{3 \cdot 1!}a^3 + \frac{1}{5 \cdot 2!}a^5 - \frac{1}{7 \cdot 3!}a^7 + \frac{1}{9 \cdot 4!}a^9 - \cdots$$

という級数で積分の値を得ることができる。この式に従って、地道に計算していけば、積分値を計算することができる。

ただし、a の値が大きくなると、この展開式では、計算に時間がかかるので、過去の数学者や統計学者は、他にもいろいろ工夫を施しながら、この積分値を計算している。そして、親切なことに、その結果を正規分布表として用意していてくれるのである。これは、それだけ正規分布が重要であるということを示している。対数の値が対数表としてまとめられているのと同様である。よって、コンピュータが発達していなかった時代には、先輩の数学者がせっせと用意してくれた正規分布表を見ながら積分計算を行っていたのである。実際の正規分布表は本書末尾の付表 1 に示すが、そのごく一部を取り出したものを表 9-1 として示す。

第9章 ガウス関数と正規分布

表 9-1 正規分布表の一例

z	0	1.0	2.0	3.0
$I(z)$	0	0.3413	0.4773	0.4987

この表を使うと

$$I(2.0) = \int_0^{2.0} \frac{1}{\sqrt{2\pi}} \exp\left(\frac{-z^2}{2}\right) dz = 0.4773$$

のように、積分結果が自動的に与えられる。最近では、パソコンの容量が飛躍的に拡大したので、この関数は組み込み関数としてインストールされているソフトがあり、それを使えば、正規分布表などを使う必要はないが、ここでは演習の意味も込めて、正規分布表を使ってガウス関数の積分計算を行ってみよう。

いま

$$I = \int_a^b \frac{1}{\sqrt{2\pi}\sigma} \exp\left(\frac{-(x-\mu)^2}{2\sigma^2}\right) dx \qquad (a < \mu < b)$$

という積分の値を求めたいとしよう。まず平均を境にして、この積分範囲をふたつに分ける。

$$I = \int_a^\mu \frac{1}{\sqrt{2\pi}\sigma} \exp\left(\frac{-(x-\mu)^2}{2\sigma^2}\right) dx + \int_\mu^b \frac{1}{\sqrt{2\pi}\sigma} \exp\left(\frac{-(x-\mu)^2}{2\sigma^2}\right) dx$$

さらに、$z = \dfrac{x-\mu}{\sigma}$ という変数変換を行うと

$$I = \int_{-\alpha}^0 \frac{1}{\sqrt{2\pi}} \exp\left(\frac{-z^2}{2}\right) dz + \int_0^\beta \frac{1}{\sqrt{2\pi}} \exp\left(\frac{-z^2}{2}\right) dz$$

と変換できる。ただし、$-\alpha = \dfrac{a-\mu}{\sigma}$、$\beta = \dfrac{b-\mu}{\sigma}$ である。この積分をさらに変形すると

$$I = \int_0^\alpha \frac{1}{\sqrt{2\pi}} \exp\left(\frac{-z^2}{2}\right) dz + \int_0^\beta \frac{1}{\sqrt{2\pi}} \exp\left(\frac{-z^2}{2}\right) dz$$

となって、正規分布表を使って値を読み取れるかたちになった。ここで表から $z = \alpha$、$z = \beta$ となる点を読み取れば、積分の値は

$$I = I(\alpha) + I(\beta)$$

と与えられることになる。例えば、正規分布表から

$$I(1) = \int_0^1 \frac{1}{\sqrt{2\pi}} \exp\left(\frac{-z^2}{2}\right) dz = 0.3413$$

と値を得ることができるが、この結果を一般の正規分布の場合に適用できるように変数変換すると

$$\int_\mu^{\mu+\sigma} \frac{1}{\sqrt{2\pi}\sigma} \exp\left(\frac{-(x-\mu)^2}{2\sigma^2}\right) dx = 0.3413$$

となる。あるいは

$$\int_{\mu-\sigma}^{\mu+\sigma} \frac{1}{\sqrt{2\pi}\sigma} \exp\left(\frac{-(x-\mu)^2}{2\sigma^2}\right) dx = 0.6826$$

と書くこともできる。

この結果より、正規分布であればその種類に関係なく、平均から標準偏差だけ離れた範囲内 ($\mu - \sigma \leq x \leq \mu + \sigma$) には、データの 0.6826、つまり約 68% のデータが集まることになる。さらに、表 9-1 を使うと、$\mu - 2\sigma \leq x \leq \mu + 2\sigma$ の範囲に至っては、総データの 0.9546、つまり 95% 以上が存在することが分かる。

つまり、正規分布表を使うと、正規分布の場合

$\mu \pm \sigma$	の範囲には全体の 68.26%
$\mu \pm 2\sigma$	の範囲には全体の 95.44%
$\mu \pm 3\sigma$	の範囲には全体の 99.74%

が存在し、それ以外の範囲にはたったの 0.26% しか存在しないことになる。

ここで、全国大学入試模擬試験の結果が正規分布に従うとすると、その平均点が 60 点で、標準偏差が 10 点の試験では、90 点以上の高得点をとる

生徒の割合は全体のわずか0.13%ということが分かる。

演習 9-4 関数 $y = \dfrac{1}{\sqrt{2\pi}\sigma} \exp\left(\dfrac{-x^2}{2\sigma^2}\right)$ の変曲点（inflection point）を求めよ。

解） この関数は、平均（中心）が $x = 0$ で標準偏差が σ の正規分布 $N(0, \sigma^2)$ に対応した関数である。ここで

$$t = \frac{-x^2}{2\sigma^2} \text{ とおくと } y = \frac{1}{\sqrt{2\pi}\sigma} \exp(t) \text{ であり } \frac{dt}{dx} = \frac{-x}{\sigma^2} \text{ であるから}$$

$$\frac{dy}{dx} = \frac{dy}{dt}\frac{dt}{dx} = \frac{1}{\sqrt{2\pi}\sigma}\exp(t)\frac{-x}{\sigma^2} = \frac{-x}{\sqrt{2\pi}\sigma^3}\exp\left(\frac{-x^2}{2\sigma^2}\right)$$

となる。さらに、2階導関数を求めると

$$\frac{d^2y}{dx^2} = \frac{d}{dx}\left\{\frac{-x}{\sqrt{2\pi}\sigma^3}\exp\left(\frac{-x^2}{2\sigma^2}\right)\right\}$$

$$\frac{d^2y}{dx^2} = \frac{-1}{\sqrt{2\pi}\sigma^3}\exp\left(\frac{-x^2}{2\sigma^2}\right) + \frac{-x}{\sqrt{2\pi}\sigma^3}\frac{-x}{\sigma^2}\exp\left(\frac{-x^2}{2\sigma^2}\right)$$

$$= \frac{-1}{\sqrt{2\pi}\sigma^3}\left(1 - \frac{x^2}{\sigma^2}\right)\exp\left(\frac{-x^2}{2\sigma^2}\right)$$

となる。ここで、変曲点は $d^2y/dx^2 = 0$ を満足する点であるから

$$x = \pm\sigma$$

となる。つまり、正規分布においては、**中心から標準偏差 σ だけ離れた点が変曲点となる。**

このように、正規分布では中心から標準偏差 σ だけ離れた点で上に凸のグラフから、下に凸のグラフに変化する。

演習 9-5　正規分布表を利用して、つぎの積分の値を求めよ。

$$\int_3^6 \frac{1}{3\sqrt{2\pi}} \exp\left(\frac{-(x-3)^2}{18}\right) dx$$

解）　これは一般式

$$\int_a^b \frac{1}{\sqrt{2\pi}\sigma} \exp\left(\frac{-(x-\mu)^2}{2\sigma^2}\right) dx$$

において、$\mu = 3$, $\sigma = 3$ とした積分である。そこで、つぎの変数変換をする。

$$z = \frac{x-\mu}{\sigma} = \frac{x-3}{3}$$

すると、積分範囲は

$$a = 3 \quad \to \quad z = 0 \qquad\qquad b = 6 \quad \to \quad z = 1$$

となる。
　よって、求める積分は

$$I(z) = \int_0^1 \frac{1}{\sqrt{2\pi}} \exp\left(\frac{-z^2}{2}\right) dz = I(1)$$

正規分布表（表 9-1）で $z = 1$ の値を読むと $I(1) = 0.3413$ であり

$$\int_0^1 \frac{1}{\sqrt{2\pi}} \exp\left(\frac{-z^2}{2}\right) dz = 0.3413$$

ということが分かる。結局

$$\int_3^6 \frac{1}{3\sqrt{2\pi}} \exp\left(\frac{-(x-3)^2}{18}\right) dx = 0.3413$$

が解となる。これは、統計的には、平均が 3 で標準偏差が 3 の正規分布では、$3 \leq x \leq 6$ の範囲に全体の 34.13% が存在するということを示している。

演習 9-6　全国大学模擬試験において、数学の平均点が 50 点、その標準偏差が 10 点という結果が得られた。その得点分布が正規分布に従うとして、得点が 40 点から 70 点の範囲に入る生徒数が全生徒数に占める割合を求めよ。

解） この得点範囲に入る生徒の割合は

$$\int_a^b \frac{1}{\sqrt{2\pi}\sigma} \exp\left(\frac{-(x-\mu)^2}{2\sigma^2}\right) dx$$

において、$\mu = 50$, $\sigma = 10$, $a = 40$, $b = 70$ とした積分

$$\int_{40}^{70} \frac{1}{10\sqrt{2\pi}} \exp\left(\frac{-(x-50)^2}{200}\right) dx$$

で与えられる。ここで、つぎの変数変換をする。

$$z = \frac{x-\mu}{\sigma} = \frac{x-50}{10}$$

すると、積分範囲は

$$a = 40 \ \to\ z = -1 \qquad b = 70 \ \to\ z = 2$$

となる。
　よって、求める積分は

$$\int_{-1}^{2} \frac{1}{\sqrt{2\pi}} \exp\left(\frac{-z^2}{2}\right) dz = \int_{-1}^{0} \frac{1}{\sqrt{2\pi}} \exp\left(\frac{-z^2}{2}\right) dz + \int_{0}^{2} \frac{1}{\sqrt{2\pi}} \exp\left(\frac{-z^2}{2}\right) dz$$

$$= \int_{0}^{1} \frac{1}{\sqrt{2\pi}} \exp\left(\frac{-z^2}{2}\right) dz + \int_{0}^{2} \frac{1}{\sqrt{2\pi}} \exp\left(\frac{-z^2}{2}\right) dz$$

正規分布表で z が 1 および 2 の値を読むと 0.3413 および 0.4773 であるから

$$\int_{-1}^{2} \frac{1}{\sqrt{2\pi}} \exp\left(\frac{-z^2}{2}\right) dz = 0.3413 + 0.4773 = 0.8186$$

ということが分かる。結局

$$\int_{40}^{70} \frac{1}{10\sqrt{2\pi}} \exp\left(\frac{-(x-50)^2}{200}\right) dx = 0.8186$$

となって、この得点範囲には全体の 81.86％の生徒が入ることになる。

　以上のように、正規分布がガウス関数で表現できると、その分布を数量的に解析することができるようになる。世の中の大部分の分布は正規分布に従うから、その効用は計り知れない。さらに、後ほど紹介するように、その分布が正規分布に従わない場合でも、適当な分布関数を用いることで、同様の手法を適用することができる。

　最近では、パーソナルコンピュータの性能が飛躍的に向上したおかげで、正規分布表を参照する必要もなく、たちどころにガウス分布の計算結果が得られるようになっている。

　しかし、ブラックボックス的な統計処理ばかりを行っていると、その基本を忘れてしまい、思わぬ失敗をする場合もある。つい最近も、教育度国際比較の統計処理で単純なミスを犯したという話を聞いた。これも、基本をおろそかにして、数値計算に頼った結果であろう。

第10章　モーメント母関数

10.1. 正規分布と期待値

正規分布の**期待値** (expectation value) を計算してみよう。正規分布の確率密度関数は

$$f(x) = \frac{1}{\sigma\sqrt{2\pi}} \exp\left(-\frac{(x-\mu)^2}{2\sigma^2}\right)$$

であった。よって、その期待値は

$$E[x] = \int_{-\infty}^{+\infty} \frac{x}{\sigma\sqrt{2\pi}} \exp\left(-\frac{(x-\mu)^2}{2\sigma^2}\right) dx$$

という積分で与えられる。

ここで、$t = x - \mu$ という変換を行うと、$dt = dx$ であるから

$$\begin{aligned} E[x] &= \int_{-\infty}^{+\infty} \frac{t+\mu}{\sigma\sqrt{2\pi}} \exp\left(-\frac{t^2}{2\sigma^2}\right) dt \\ &= \int_{-\infty}^{+\infty} \frac{t}{\sigma\sqrt{2\pi}} \exp\left(-\frac{t^2}{2\sigma^2}\right) dt + \int_{-\infty}^{+\infty} \frac{\mu}{\sigma\sqrt{2\pi}} \exp\left(-\frac{t^2}{2\sigma^2}\right) dt \end{aligned}$$

第1項の積分は

$$\int_{-\infty}^{+\infty} \frac{t}{\sigma\sqrt{2\pi}} \exp\left(-\frac{t^2}{2\sigma^2}\right) dt = -\frac{\sigma}{\sqrt{2\pi}} \int_{-\infty}^{+\infty} \left(-\frac{t}{\sigma^2}\right) \exp\left(-\frac{t^2}{2\sigma^2}\right) dt$$

$$= \left[-\frac{\sigma}{\sqrt{2\pi}} \exp\left(-\frac{t^2}{2\sigma^2}\right) \right]_{-\infty}^{+\infty} = 0$$

となる[1]。

第2項の積分は係数を積分の外に出すと

$$\int_{-\infty}^{+\infty} \frac{\mu}{\sigma\sqrt{2\pi}} \exp\left(-\frac{t^2}{2\sigma^2}\right) dt = \frac{\mu}{\sigma\sqrt{2\pi}} \int_{-\infty}^{+\infty} \exp\left(-\frac{t^2}{2\sigma^2}\right) dt$$

となるが、これはまさにガウス積分[2]であり

$$\int_{-\infty}^{+\infty} \exp\left(-\frac{t^2}{2\sigma^2}\right) dt = \sqrt{2\sigma^2 \pi} = \sigma\sqrt{2\pi}$$

と計算できる。結局

$$E[x] = \int_{-\infty}^{+\infty} \frac{x}{\sigma\sqrt{2\pi}} \exp\left(-\frac{(x-\mu)^2}{2\sigma^2}\right) dx = \mu$$

となって、正規分布において x の期待値は確かに平均 μ となる。

演習 10-1 平均が μ で、標準偏差が σ の正規分布において、$g(x) = (x-\mu)^2$ の期待値を求めよ。

解) この期待値は

$$E[(x-\mu)^2] = \int_{-\infty}^{+\infty} \frac{(x-\mu)^2}{\sigma\sqrt{2\pi}} \exp\left(-\frac{(x-\mu)^2}{2\sigma^2}\right) dx$$

の積分で与えられる。

ここで、まず $t = x - \mu$ の変数変換を行うと

---

[1] 指数関数の合成関数の積分は $\int \exp(f(x)) f'(x) dx = \exp(f(x)) + c$ となる。
[2] ガウス積分は $\int_{-\infty}^{+\infty} \exp(-ax^2) dt = \sqrt{\pi/a}$ となる。

$$\int_{-\infty}^{+\infty}\frac{(x-\mu)^2}{\sigma\sqrt{2\pi}}\exp\left(-\frac{(x-\mu)^2}{2\sigma^2}\right)dx = \int_{-\infty}^{+\infty}\frac{t^2}{\sigma\sqrt{2\pi}}\exp\left(-\frac{t^2}{2\sigma^2}\right)dt$$

と変形できる。ここで被積分関数を

$$\frac{t^2}{\sigma\sqrt{2\pi}}\exp\left(-\frac{t^2}{2\sigma^2}\right) = \frac{t}{\sigma\sqrt{2\pi}}\left\{t\exp\left(-\frac{t^2}{2\sigma^2}\right)\right\}$$

のように分解して、**部分積分** (integration by parts) を利用する[3]。

$$\left\{\exp\left(-\frac{t^2}{2\sigma^2}\right)\right\}' = \left(-\frac{2t}{2\sigma^2}\right)\left\{\exp\left(-\frac{t^2}{2\sigma^2}\right)\right\} = \left(-\frac{1}{\sigma^2}\right)\left\{t\exp\left(-\frac{t^2}{2\sigma^2}\right)\right\}$$

であることに注意すれば[4]

$$\int_{-\infty}^{+\infty}\frac{t^2}{\sigma\sqrt{2\pi}}\exp\left(-\frac{t^2}{2\sigma^2}\right)dt = \left[-\frac{\sigma t}{\sqrt{2\pi}}\exp\left(-\frac{t^2}{2\sigma^2}\right)\right]_{-\infty}^{+\infty} + \int_{-\infty}^{+\infty}\frac{\sigma}{\sqrt{2\pi}}\exp\left(-\frac{t^2}{2\sigma^2}\right)dt$$

と変形できる。右辺の第 1 項は分子分母の微分をとって、$t \to \pm\infty$ の極限を求めると

$$\lim_{t\to\infty}\frac{\sigma t}{\sqrt{2\pi}}\exp\left(-\frac{t^2}{2\sigma^2}\right) = \lim_{t\to\infty}\frac{(\sigma t)'}{\left\{\sqrt{2\pi}\exp(t^2/2\sigma^2)\right\}'} = \lim_{t\to\infty}\frac{\sigma}{\left\{\frac{t\sqrt{2\pi}}{\sigma^2}\exp(t^2/2\sigma^2)\right\}} = 0$$

のように 0 となる[5]。

つぎに、第 2 項はまさにガウス積分であり

$$\int_{-\infty}^{+\infty}\frac{\sigma}{\sqrt{2\pi}}\exp\left(-\frac{t^2}{2\sigma^2}\right)dt = \frac{\sigma}{\sqrt{2\pi}}\sqrt{2\sigma^2\pi} = \sigma^2$$

---

[3] 部分積分は $(fg)' = f'g + fg'$ より、$\int f'g = fg - \int fg'$ という関係を利用する積分公式である。

[4] 指数関数の合成関数の微分は $\{\exp(f(x))\}' = f'(x)\exp(f(x))$ となる。

[5] 分子分母が無限大($f(x)/g(x) = \infty/\infty$)となる場合の極限は、それぞれの微分をとって、その極限値($f'(x)/g'(x)$)を求めればよい。

となって、確かに

$$V[x] = E[(x-\mu)^2] = \int_{-\infty}^{+\infty} \frac{(x-\mu)^2}{\sigma\sqrt{2\pi}} \exp\left(-\frac{(x-\mu)^2}{2\sigma^2}\right) dx = \sigma^2$$

となって、正規分布の分散σ^2になることが確かめられる。

すでに紹介したように、一般の確率密度関数$f(x)$に対しても

$$V[x] = E[(x-\mu)^2] = \int_{-\infty}^{+\infty} (x-\mu)^2 f(x) dx$$

という関係が成立する。ここで、この積分を変形してみよう。

$$\int_{-\infty}^{+\infty} (x-\mu)^2 f(x) dx = \int_{-\infty}^{+\infty} (x^2 - 2\mu x + \mu^2) f(x) dx$$

$$= \int_{-\infty}^{+\infty} x^2 f(x) dx - 2\mu \int_{-\infty}^{+\infty} x f(x) dx + \mu^2 \int_{-\infty}^{+\infty} f(x) dx$$

すると、右辺の第1項はx^2の期待値になる。第2項の積分はxの期待値であるから平均μとなる。第3項の積分は確率密度関数$f(x)$を全空間で積分したものであるから1である。よって

$$E[x^2] - 2\mu E[x] + \mu^2 = E[x^2] - 2\mu^2 + \mu^2 = E[x^2] - \mu^2$$

と変形することができる。結局

$$V[x] = E[(x-\mu)^2] = E[x^2] - \mu^2 \qquad V[x] = E[x^2] - \{E[x]\}^2$$

となることも、すでに紹介した。

ここで、期待値が有する性質をいくつか整理しておこう。まず、期待値の一般表式として、ある関数$\phi(x)$に対する期待値は

$$E[\phi(x)] = \int_{-\infty}^{+\infty} \phi(x) f(x) dx$$

で与えられる。すると、$\phi(x)$が定数の場合、$\phi(x) = a$であるから

$$E[a] = \int_{-\infty}^{+\infty} af(x)dx = a\int_{-\infty}^{+\infty} f(x)dx$$

となるが、確率密度関数の性質から

$$\int_{-\infty}^{+\infty} f(x)dx = 1$$

であるので

$$E[a] = a$$

となって、定数の期待値は、そのまま定数の値となる。それでは

$$\phi(x) = ax + b$$

の場合はどうであろうか。

$$E[ax+b] = \int_{-\infty}^{+\infty} (ax+b)f(x)dx = a\int_{-\infty}^{+\infty} xf(x)dx + b\int_{-\infty}^{+\infty} f(x)dx$$

のように変形できるが、

$$E[x] = \int_{-\infty}^{+\infty} xf(x)dx$$

であるので

$$E[ax+b] = aE[x] + b$$

となり、同様にして

$$\phi(x) = ax^2 + bx + c$$

の場合には

$$E[ax^2 + bx + c] = aE[x^2] + bE[x] + c$$

という関係が成立することが分かる。よって、一般の n 次関数に対して

$$E[a_0 + a_1 x + a_2 x_2 + \cdots + a_n x^n] = a_0 + a_1 E[x] + a_2 E[x^2] + \cdots + a_n E[x^n]$$

という関係が成立することになる。このように分配の法則が成り立つということを別な表現で書くと

の場合

$$\phi(x) = g(x) + h(x)$$

$$E[\phi(x)] = E[g(x) + h(x)] = E[g(x)] + E[h(x)]$$

となること、また

$$\phi(x) = 2g(x)$$

ならば

$$E[\phi(x)] = E[2g(x)] = E[g(x)] + E[g(x)] = 2E[g(x)]$$

となることも分かる。

10.2. モーメント

$f(x)$を確率密度関数とすると、ある関数$\phi(x)$に対する期待値は

$$E[\phi(x)] = \int_{-\infty}^{+\infty} \phi(x)f(x)dx$$

で与えられる。このとき

$$E[x] = \int_{-\infty}^{+\infty} xf(x)dx \qquad E[x^2] = \int_{-\infty}^{+\infty} x^2 f(x)dx \qquad E[x^3] = \int_{-\infty}^{+\infty} x^3 f(x)dx$$

となり、一般式は

$$E[x^k] = \int_{-\infty}^{+\infty} x^k f(x)dx$$

と与えられるが、この期待値を k次のモーメント (moment of kth degree) と呼んでいる。よって、1次のモーメント

$$E[x] = \int_{-\infty}^{+\infty} xf(x)dx = \mu$$

は、ある確率分布の平均値ということになる。また、分散は

$$E[(x-\mu)^2] = \int_{-\infty}^{+\infty} (x-\mu)^2 f(x)dx$$

で与えられるが、これを $x = \mu$ のまわりの 2 次のモーメントと呼んでいる。また $\mu = 0$ の場合は

$$E[x^2] = \int_{-\infty}^{+\infty} x^2 f(x) dx$$

と 2 次モーメントが分散そのものになる。ここで平均が 0 とすると、3 次のモーメント

$$E[x^3] = \int_{-\infty}^{+\infty} x^3 f(x) dx$$

は確率分布の**ひずみ度** (skewness) と呼ばれる。これは分布の非対称性を与える指標となる。なぜなら、$f(x)$ が完全に左右対称であれば、言い換えれば偶関数であれば、この積分は 0 となるからである。つまり、分布の対称性からのゆがみ（あるいはひずみ）が大きければ大きいほど、この値も大きくなる。よって、この指標をひずみ度と呼んでいる。

このように、1 次のモーメントが平均（ただし 0）であれば、2 次のモーメントが分散、3 次のモーメントがひずみ度を与えることになる。

それでは、どうして $E[x]$ をモーメントと呼ぶのであろうか。物理におけるモーメント（M）は図 10-1 に示すように原点から重心までの距離を L、その物体の重量を mg とすると

$$M = mgL$$

で与えられる。ここで、x は、原点からの距離 L に相当し、$f(x)$ は x の重量 mg に対応すると考えてみよう。すると、$xf(x)$ は原点のまわりのモーメントに対応する。確率分布全体のモーメントは、これを足し合わせたものであるから

$$x_1 f(x_1) + x_2 f(x_2) + x_3 f(x_3) + \cdots + x_n f(x_n)$$

となる。これが離散型分布の場合のモーメントとなる。これは、まさに x の期待値である。また連続型関数の場合は

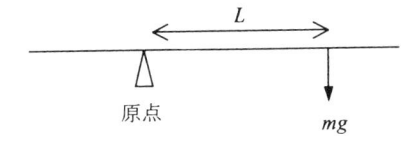

図 10-1

$$\int_{-\infty}^{+\infty} x f(x) dx$$

が、モーメントということになる。

それでは、平均 μ のまわりのモーメントを考えてみよう。この場合、平均に重心があるから、そのまわりのモーメントは正負が相殺されてゼロとなるはずである。よって

$$E[x-\mu] = \int_{-\infty}^{+\infty} (x-\mu) f(x) dx = 0$$

これを変形すると

$$\int_{-\infty}^{+\infty} (x-\mu) f(x) dx = \int_{-\infty}^{+\infty} x f(x) dx - \mu \int_{-\infty}^{+\infty} f(x) dx = \int_{-\infty}^{+\infty} x f(x) dx - \mu = 0$$

結局

$$\int_{-\infty}^{+\infty} x f(x) dx = \mu$$

のように、原点のまわりの1次のモーメントが平均値を与えることが分かる。

10.3. モーメント母関数

実は、k 次のモーメントをいっきに計算できる画期的な方法がある。それを紹介する。

ここで、指数関数の級数展開（**補遺1参照**）を思い出してみよう。

$$\exp(x) = 1 + x + \frac{1}{2!}x^2 + \frac{1}{3!}x^3 + \frac{1}{4!}x^4 + \cdots + \frac{1}{n!}x^n + \cdots$$

$\phi(x) = \exp(tx)$ という関数を考える。すると

$$\exp(tx) = 1 + tx + \frac{1}{2!}t^2 x^2 + \frac{1}{3!}t^3 x^3 + \frac{1}{4!}t^4 x^4 + \cdots + \frac{1}{n!}t^n x^n + \cdots$$

と展開できる。この関数の期待値は

$$E[\exp(tx)] = 1 + E[x]t + \frac{1}{2!}E[x^2]t^2 + \frac{1}{3!}E[x^3]t^3 + \frac{1}{4!}E[x^4]t^4 + \cdots + \frac{1}{n!}E[x^n]t^n + \cdots$$

となる。t で微分すると

$$\frac{d(E[\exp(tx)])}{dt} = E[x] + E[x^2]t + \frac{1}{2!}E[x^3]t^2 + \frac{1}{3!}E[x^4]t^3 + \cdots + \frac{1}{(n-1)!}E[x^n]t^{n-1} + \cdots$$

となるが、これを計算したうえで、$t = 0$ を代入すれば $E[x]$ が得られる。さらに、t で微分すると

$$\frac{d^2(E[\exp(tx)])}{dt^2} = E[x^2] + E[x^3]t + \frac{1}{2!}E[x^4]t^2 + \cdots + \frac{1}{(n-2)!}E[x^n]t^{n-2} + \cdots$$

となるが、ここで $t = 0$ を代入すると 2 次のモーメント $E[x^2]$ を求めることができる。同様に、もう一度 t で微分し

$$\frac{d^3(E[\exp(tx)])}{dt^3} = E[x^3] + E[x^4]t + \cdots + \frac{1}{(n-3)!}E[x^n]t^{n-3} + \cdots$$

$t = 0$ を代入すると、3 次のモーメント $E[x^3]$ を求めることができる。ここで $\phi(x) = \exp(tx)$ を t の関数とみなして

$$M(t) = E[\exp(tx)]$$

と書き、**モーメント母関数** (moment generating function) と呼んでいる。母関数と呼ぶのは、上の例のように t のべき係数が k 次のモーメントとなっており、上の操作によって、つぎつぎとモーメントを求めることができるからである。

例えば、1 次のモーメントは

$$\frac{dM(t)}{dt} = M'(t)$$

を計算して $t = 0$ を代入すればよいので、$M'(0)$ で与えられる。つぎに 2 次のモーメントは

$$\frac{d^2 M(t)}{dt^2} = M''(t)$$

を計算して $t=0$ を代入すればよいので、$M''(0)$ で与えられる。

よって、一般式として k 次のモーメントは

$$E[x^k] = M^{(k)}(0)$$

と与えられることになる。

演習 10-2 平均が μ 分散が σ^2 の正規分布の 1 次モーメントおよび 2 次モーメントをモーメント母関数を利用して求めよ。

解) この正規分布の確率密度関数は

$$f(x) = \frac{1}{\sigma\sqrt{2\pi}} \exp\left(-\frac{(x-\mu)^2}{2\sigma^2}\right)$$

で与えられる。モーメント母関数は

$$M(t) = E[\exp(tx)] = \int_{-\infty}^{+\infty} e^{tx} f(x) dx$$

で与えられるから、正規分布に対応したモーメント母関数は

$$M(t) = \int_{-\infty}^{+\infty} \exp(tx) \frac{1}{\sigma\sqrt{2\pi}} \exp\left(-\frac{(x-\mu)^2}{2\sigma^2}\right) dx$$

となる。よって

$$M(t) = \int_{-\infty}^{+\infty} \frac{1}{\sigma\sqrt{2\pi}} \exp\left(-\frac{(x-\mu)^2 - 2\sigma^2 tx}{2\sigma^2}\right) dx$$

ここで指数関数のべき項は

$$\frac{(x-\mu)^2 - 2\sigma^2 tx}{2\sigma^2} = \frac{x^2 - 2\mu x + \mu^2 - 2\sigma^2 tx}{2\sigma^2} = \frac{x^2 - 2(\mu + \sigma^2 t)x + \mu^2}{2\sigma^2}$$

と変形できるので

$$= \frac{(x-(\mu+\sigma^2 t))^2 + \mu^2 - (\mu+\sigma^2 t)^2}{2\sigma^2} = \frac{(x-(\mu+\sigma^2 t))^2 - 2\mu\sigma^2 t - \sigma^4 t^2}{2\sigma^2}$$

$$= \frac{(x-(\mu+\sigma^2 t))^2}{2\sigma^2} - \mu t - \frac{\sigma^2 t^2}{2}$$

よって

$$M(t) = \exp\left(\frac{\sigma^2 t^2}{2} + \mu t\right) \int_{-\infty}^{+\infty} \frac{1}{\sigma\sqrt{2\pi}} \exp\left(-\frac{(x-(\mu+\sigma^2 t))^2}{2\sigma^2}\right) dx$$

となる。ここで積分項は、平均が$\mu+\sigma^2 t$ で、分散がσ^2 の正規分布の全空間での積分となるから、その値は1 である。よって、モーメント母関数は

$$M(t) = \exp\left(\frac{\sigma^2 t^2}{2} + \mu t\right)$$

と与えられる。

$$M'(t) = \frac{dM(t)}{dt} = (\sigma^2 t + \mu)\exp\left(\frac{\sigma^2 t^2}{2} + \mu t\right)$$

であるので

$$M'(0) = \mu$$

つまり、1次モーメントが平均 μ となる。つぎに

$$M''(t) = \frac{d^2 M(t)}{dt^2} = \sigma^2 \exp\left(\frac{\sigma^2 t^2}{2} + \mu t\right) + (\sigma^2 t + \mu)^2 \exp\left(\frac{\sigma^2 t^2}{2} + \mu t\right)$$

であるから2次のモーメントは

$$M''(0) = \sigma^2 + \mu^2$$

となる。つまり

$$E[x^2] = \sigma^2 + \mu^2$$

となる。ここで分散を求めてみよう。すると

$$V[x] = E[x^2] - \mu^2 = \sigma^2 + \mu^2 - \mu^2 = \sigma^2$$

となって、確かにσ^2が分散であることが分かる。

以上のようにモーメント母関数を用いると、平均や分散、さらにはひずみ度をいっきに計算することができる。ただし、正規分布のように完全に対称な分布では、あまり、その効用は実感できないが、後に示すように対称ではない分布の解析には大きな威力を発揮する。

演習 10-3　モーメント母関数を利用して指数分布

$$\begin{cases} f(x) = \lambda \exp(-\lambda x) & (x \geq 0) \\ f(x) = 0 & (x < 0) \end{cases}$$

の平均および分散を求めよ。

解)　モーメント母関数は

$$M(t) = E[\exp(tx)] = \int_{-\infty}^{+\infty} \exp(tx) f(x) dx$$

で与えられる。よって指数分布では

$$M(t) = \int_0^{+\infty} \exp(tx) \lambda \exp(-\lambda x) dx = \lambda \int_0^{+\infty} \exp(tx - \lambda x) dx$$

がモーメント母関数となる。よって

$$M(t) = \left[\frac{\lambda}{t-\lambda} \exp(t-\lambda)x \right]_0^{+\infty} = \lim_{x \to +\infty} \frac{\lambda}{t-\lambda} \exp(t-\lambda)x - \frac{\lambda}{t-\lambda}$$

右辺の第 1 項は、$x \to +\infty$で$t > \lambda$のとき発散してしまい値が得られない。そこで、$t < \lambda$と仮定する。(いずれモーメントを求める際には$t = 0$を代入

するので、この仮定で問題がない。）すると $\exp(t-\lambda)x \to 0$ であるからモーメント母関数は

$$M(t) = -\frac{\lambda}{t-\lambda}$$

と与えられる。

この微分をとると

$$M'(t) = \frac{\lambda(t-\lambda)'}{(t-\lambda)^2} = \frac{\lambda}{(t-\lambda)^2}$$

となる。よって平均は

$$M'(0) = \frac{\lambda}{(0-\lambda)^2} = \frac{1}{\lambda}$$

となる。

さらに t に関して微分すると

$$\frac{d^2M(t)}{dt^2} = M''(t) = \frac{-2\lambda(t-\lambda)}{(t-\lambda)^4} = -\frac{2\lambda}{(t-\lambda)^3}$$

$t = 0$ を代入すると

$$M''(0) = \frac{2}{\lambda^2}$$

となる。よって

$$M''(0) = E[x^2] = \frac{2}{\lambda^2}$$

ここで、この分布の平均が $M'(0) = E[x] = \frac{1}{\lambda}$ であるから、分散は

$$V[x] = E\left[\left(x - \frac{1}{\lambda}\right)^2\right]$$

で与えられる。よって

$$V[x] = E[x^2] - \frac{2}{\lambda}E[x] + \frac{1}{\lambda^2} = \frac{2}{\lambda^2} - \frac{2}{\lambda^2} + \frac{1}{\lambda^2} = \frac{1}{\lambda^2}$$

となる。

このように、モーメント母関数が解析的に与えられれば、平均および分散を比較的簡単に求めることができる。

ところで、いままでは連続型変数の確率分布に関するモーメント母関数を紹介したが、離散型確率分布においてもモーメント母関数を利用できる。
　ここでは、2項分布の平均と分散を計算してみよう。離散型分布の場合の平均と分散は

$$E[x] = \sum_{x=0}^{n} x f(x) \qquad E[x^2] = \sum_{x=0}^{n} x^2 f(x)$$

で与えられる。よって、m 次のモーメントは

$$E[x^m] = \sum_{x=0}^{n} x^m f(x)$$

と与えられる。これは連続型変数の場合から、簡単に類推することができる。
　ここで、これらモーメントをつくり出す関数として

$$E[e^{tx}] = \sum_{x=0}^{n} e^{tx} f(x) = M(t)$$

が与えられる。これが離散型変数に対応したモーメント母関数である。これを2項分布に適用すると、2項分布のモーメント母関数は

$$E[e^{tx}] = \sum_{x=0}^{n} e^{tx} {}_nC_x p^x q^{n-x}$$

となる。これを変形すると

$$E[e^{tx}] = \sum_{x=0}^{n} {}_nC_x e^{tx} p^x q^{n-x} = \sum_{x=0}^{n} {}_nC_x \left(e^t p\right)^x q^{n-x}$$

となるが、これはよくみると2項定理のかたちをしており

$$E[e^{tx}] = \sum_{x=0}^{n} {}_nC_x \left(e^t p\right)^x q^{n-x} = \left(e^t p + q\right)^n$$

とまとめられる。結局、2項分布のモーメント母関数は

$$M(t) = \left(e^t p + q\right)^n$$

という簡単なかたちで与えられる。それでは、この母関数を利用して、実際に 1 次のモーメント、つまり平均値を求めてみよう。この関数を微分すると

$$M'(t) = \frac{dM(t)}{dt} = \frac{d}{dt}\left\{\left(e^t p + q\right)^n\right\} = npe^t\left(e^t p + q\right)^{n-1}$$

となる。この式に $t = 0$ を代入すると

$$E[x] = M'(0) = npe^0\left(e^0 p + q\right)^{n-1} = np(p + q)^{n-1}$$

となるが、$p + q = 1$ であるから、結局、**2 項分布の平均**は

$$E[x] = np$$

となる。これは第 4 章で求めた値と一致している。それでは、分散を求めてみよう。まず

$$M'(t) = \frac{dM(t)}{dt} = npe^t\left(e^t p + q\right)^{n-1}$$

であったから

$$\begin{aligned}M''(t) &= \frac{d^2 M(t)}{dt^2} = \frac{d}{dt}\left\{npe^t\left(e^t p + q\right)^{n-1}\right\} \\ &= npe^t\left(e^t p + q\right)^{n-1} + n(n-1)p^2 e^{2t}\left(e^t p + q\right)^{n-2}\end{aligned}$$

となる。この式に $t = 0$ を代入すると、2 次のモーメントを求めることができる。

$$E[x^2] = M''(0) = np + n(n-1)p^2$$

となる。ここで **2 項分布の分散**は

$$V[x] = E[x^2] - \left(E[x]\right)^2 = np + n(n-1)p^2 - (np)^2 = np(1-p) = npq$$

となる。

第11章　近似理論

2項分布は離散型の確率分布であることを紹介した。2項分布自身の応用範囲は広いが、数学的に取り扱う場合には、連続関数で表現できた方が便利である。例えば、コインを100回投げた時、表が50個以上出る確率を求めてみよう。すると、表が50回出る確率は2項分布から

$$_{100}C_{50}\left(\frac{1}{2}\right)^{50}\left(\frac{1}{2}\right)^{50}$$

と与えられる。つぎに表が51回出る確率は

$$_{100}C_{51}\left(\frac{1}{2}\right)^{51}\left(\frac{1}{2}\right)^{49}$$

となるので

$$_{100}C_{50}\left(\frac{1}{2}\right)^{50}\left(\frac{1}{2}\right)^{50}+{}_{100}C_{51}\left(\frac{1}{2}\right)^{51}\left(\frac{1}{2}\right)^{49}+{}_{100}C_{52}\left(\frac{1}{2}\right)^{52}\left(\frac{1}{2}\right)^{48}+\cdots+{}_{100}C_{100}\left(\frac{1}{2}\right)^{100}\left(\frac{1}{2}\right)^{0}$$

を計算すれば、その値を求めることができる。

　いまの場合は、コインの表裏であるので、ともに確率が1/2であるから、まだ計算は楽であるが、これを一般の場合に拡張しようとしたら大変である。

　ところで、正規分布のところで紹介したように、確率分布が、ある関数で表現できると、いまのように、確率変数がどのような範囲にあるかという確率を簡単に求めることができる。このようなわけで、可能であれば、離散的な確率分布を連続関数で近似するという手法がよく使われるのである。

　実は、2項分布は、その試行回数 N が大きくなった極限では、正規分布となることが知られている。この性質を利用して、確率計算が行われる。

第11章 近似理論

そこで、まず N が大きくなると、どうして 2 項分布を正規分布で近似できるのかを考えてみよう。

まず、2 項分布は

$$p(X = x) = f(x) = {}_N C_x p^x q^{N-x}$$

で表される。この分布において、$N \to \infty$ の極限を考えればよいことになる。まず、コイン投げの例において、試行回数を増やすことを考える。すると、図 11-1 に示すように、確かに試行回数を増やすと正規分布に近づいていく様子が分かる。

そこで、数学的に、この事実を確かめてみよう。2 項分布における $N \to \infty$ の極限を考えるために、$f(x)$ が最大になる点 $x = \bar{x}$ のまわりでテーラー展開を考えてみよう。ここで

$$\frac{df(\bar{x})}{dx} = 0$$

という条件が課されることに注意する。また、扱う N が大きいということを前提に対数関数を考える。つまり

$$f(x) = {}_N C_x p^x q^{N-x} = \frac{N!}{x!(N-x)!} p^x q^{N-x}$$

であるので

$$\ln f(x) = \ln N! - \ln x! - \ln(N-x)! + x \ln p + (N-x) \ln q$$

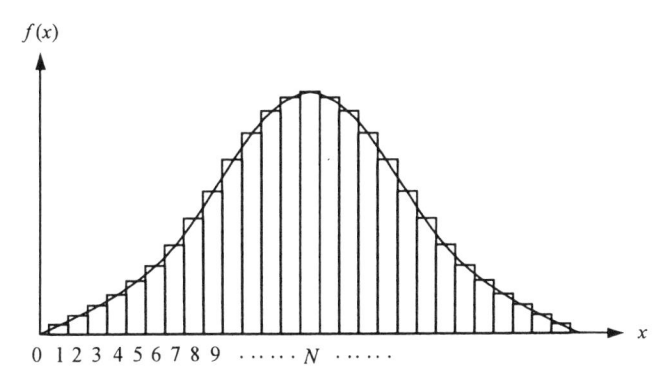

図 11-1　$f(x) = {}_N C_x p^x q^{N-x}$ の二項分布において、試行回数 N を増やしていくと、正規分布に近づいていく。

という対数関数のテーラー展開を行う。その前に、この式を**スターリングの公式** (Stirling's formula) を使って、階乗部分を変形しておこう。まず、**スターリング近似** (Stirling's approximation) は

$$\ln N! \cong N \ln N - N$$

と与えられる。よって

$$\ln x! \cong x \ln x - x$$
$$\ln(N-x)! \cong (N-x)\ln(N-x) - (N-x)$$

従って

$$\ln f(x) = \ln N! - \ln x! - \ln(N-x)! + x \ln p + (N-x) \ln q$$
$$= [N \ln N - N] - [x \ln x - x] - [(N-x)\ln(N-x) - (N-x)] + x \ln p + (N-x) \ln q$$
$$= (\ln p - \ln q)x - x \ln x - (N-x)\ln(N-x) + N \ln N + N \ln q$$

ここで、この対数関数をテーラー展開するのであるが、その前に、確認の意味で、テーラー展開を復習すると

$$f(a+h) = f(a) + f'(a)h + \frac{1}{2}f''(a)h^2 + \frac{1}{3!}f'''(a)h^3 + \ldots + \frac{1}{n!}f^{(n)}(a)h^n + \ldots$$

であった。ここで、$x = \bar{x} + \Delta x$ と置くと

$$\ln f(\bar{x} + \Delta x) = \ln f(\bar{x}) + B_1 \Delta x + \frac{1}{2}B_2(\Delta x)^2 + \frac{1}{3!}B^3(\Delta x)^3 + \ldots$$

のようにテーラー展開することができる。ただし、係数 B_1 は

$$B_1 = \frac{d \ln f(\bar{x})}{dx}$$

で与えられる。この微分は対数関数の微分であるので

$$B_1 = \frac{f'(\bar{x})}{f(\bar{x})}$$

となる。ところで、点 $x = \bar{x}$ は、$f(x)$ の極大を与えると仮定しているので

$f'(\bar{x}) = 0$ である。よって
$$B_1 = 0$$
となり、係数 B_1 は 0 となる。この条件を使って、2 項分布の各係数の関係を調べてみよう。あらためて、関数 $f(x)$ の対数をとると
$$\ln f(x) = (\ln p - \ln q)x - x \ln x - (N - x)\ln(N - x) + N \ln N + N \ln q$$
であるから、この微分は
$$\frac{d \ln f(x)}{dx} = (\ln p - \ln q) - \ln x - x \frac{1}{x} + \ln(N - x) + (N - x)\frac{1}{N - x}$$
となる。これを整理すると
$$\frac{d \ln f(x)}{dx} = (\ln p - \ln q) - \ln x + \ln(N - x)$$
と与えられる。この式に $x = \bar{x}$ を代入すると B_1 が与えられる。
$$B_1 = \frac{d \ln f(\bar{x})}{dx} = (\ln p - \ln q) - \ln \bar{x} + \ln(N - \bar{x}) = 0$$
であるから、まとめると
$$\ln \left\{ \frac{p(N - \bar{x})}{q\bar{x}} \right\} = 0$$
という関係式が得られる。よって
$$\frac{p(N - \bar{x})}{q\bar{x}} = 1$$
となり、変形すると
$$p(N - \bar{x}) = q\bar{x} \qquad pN = (p + q)\bar{x}$$
ここで $p + q = 1$ であったから、結局
$$\bar{x} = Np$$

が $f(x)$ の極大を与える点となる。ここで、何か気づかないであろうか。そう、これは、2項分布の平均値である。つまり、平均が極大になるという正規分布の性質を有していることが分かる。

さらにテーラー展開の係数を求めてみよう。

$$B_2 = \frac{d^2 \ln f(\bar{x})}{dx^2} = -\frac{1}{\bar{x}} - \frac{1}{N-\bar{x}}$$

となるが、$\bar{x} = Np$ であるから

$$B_2 = -\frac{1}{Np} - \frac{1}{N-Np} = -\frac{1}{Np} - \frac{1}{N(1-p)} = -\frac{1}{N}\left(\frac{1}{p} + \frac{1}{q}\right)$$

となる。さらに変形すると

$$B_2 = -\frac{1}{N}\left(\frac{1}{p} + \frac{1}{q}\right) = -\frac{1}{N}\left(\frac{p+q}{pq}\right) = -\frac{1}{Npq}$$

となる。続いて

$$B_3 = \frac{d^3 \ln f(\bar{x})}{dx^3} = -\left(\frac{1}{\bar{x}}\right)' - \left(\frac{1}{N-\bar{x}}\right)' = \frac{1}{\bar{x}^2} - \frac{1}{(N-\bar{x})^2}$$

となる。ふたたび $\bar{x} = Np$ を代入すると

$$B_3 = \frac{1}{N^2 p^2} - \frac{1}{(N-Np)^2} = \frac{1}{N^2 p^2} - \frac{1}{N^2 q^2} = \frac{1}{N^2}\left(\frac{1}{p^2} - \frac{1}{q^2}\right)$$

となる。以下、同様にして、順次、高次の係数を求めることが可能である。ところで、われわれは N が非常に大きい場合を想定しているが、B_2 と B_3 を比べると、分母のオーダーが N 倍だけ大きくなっている。よって、B_3 以降の高次の項は B_2 に対して無視できるほど小さいとみなすことができる。よって、N が大きい場合の展開は

$$\ln f(\bar{x} + \Delta x) \cong \ln f(\bar{x}) + \frac{1}{2} B_2 (\Delta x)^2 \cong \ln f(\bar{x}) - \frac{1}{2Npq}(\Delta x)^2$$

と書くことができる。ここで2項分布の分散は

$$\sigma^2 = Npq$$

であったから、上の式は

$$\ln f(\bar{x} + \Delta x) - \ln f(\bar{x}) = -\frac{1}{2\sigma^2}(\Delta x)^2$$

となり、一般の変数 x は

$$x = \bar{x} + \Delta x$$

と書くことができるので、上の式は

$$\ln f(x) = \ln f(\bar{x}) - \frac{1}{2\sigma^2}(x - \bar{x})$$

となる。よって

$$f(x) = f(\bar{x})\exp\left\{-\frac{1}{2\sigma^2}(x - \bar{x})\right\}$$

と与えられることになる。これが $N \to \infty$ の極限における2項分布の確率密度関数に相当する。あとは確率密度関数の規格化条件である

$$\int_{-\infty}^{\infty} f(\bar{x})\exp\left\{-\frac{(x - \bar{x})^2}{2\sigma^2}\right\}dx = 1$$

から $f(\bar{x})$ を求めると

$$f(\bar{x}) = \frac{1}{\sigma\sqrt{2\pi}}$$

となるので

$$f(x) = \frac{1}{\sigma\sqrt{2\pi}}\exp\left\{-\frac{(x - \bar{x})^2}{2\sigma^2}\right\}$$

という関数が得られる。このように、N の数が大きい場合には、**2項分布**は、**平均が $\bar{x} = Np$ で、分散が $\sigma^2 = Npq$ という正規分布で近似できる**のである。

このように 2 項分布が正規分布で近似できるという性質を利用すると、いろいろな応用が可能となる。ここでは、その代表例として世論調査に関するデータ解析を紹介する。

　現在、新聞やテレビなどでは世論調査によって、数多くのデータを発表している。内閣支持率の世論調査もそのひとつである。例えば、500 人のひとに内閣を支持するかどうか聞いたところ、275 人のひとが支持すると答えたとしよう。ここで、世の中で内閣を支持する人の確率を p とすると、支持しない人の確率は $q = 1 - p$ となる。すると、その分布は

$$p(X = x) = f(x) = {}_N C_x (p)^x (1-q)^{N-x}$$

という 2 項分布に従うと考えられる。ここで、500 人というデータを基にすれば

$$p = \frac{275}{500} = 0.55$$

と推定できる。実際に、内閣支持率は 55%と発表される。このままでもよいのであるが、重要な内閣支持率を簡単に決めてしまっては問題があろう。そこで、2 項分布が正規分布で近似できるという性質を利用して、この値がどの程度信頼できるかを判定することができる。

　そこで、この分布を正規分布で近似すれば、それは平均と分散が

$$\mu = Np = 500 \times 0.55 = 275$$
$$\sigma^2 = Npq = 500 \times 0.55 \times 0.45 \cong 124 \quad よって \quad \sigma = \sqrt{124} \cong 11$$

の正規分布となる。ここで、世論調査で求めた平均は、あくまでも標本の平均であって、母集団の平均ではない。ここで標準偏差が分かっていると、正規分布では、どれくらいの信頼度でどれくらいの幅に入るかということが分かる。例えば、95%の信頼区間を選ぶと（付表 1 参照）、その幅は

$$\mu \pm 1.96\sigma \quad であるから \quad 275 \pm 1.96 \times 11$$

となり、平均の信頼区間は

$$253 \leq \bar{\mu} \leq 297$$

第11章 近似理論

となる。よって、内閣支持率は 50.6%から 59.4%の間にあるということになる。内閣支持率は重要な指標であるから、信頼度をさらに上げて、99%にしたら、さらに、その幅は広がってしまうことになる。現在、発表されている内閣支持率の有効回答数は 500 前後であるから、このような幅を考慮する必要がある。

演習 11-1 あるテレビ局が 1000 人の視聴者に内閣支持率を電話調査したところ、500 人から有効回答が得られ、そのうち、250 人のひとが内閣を支持すると答えた。このときの内閣支持率を 99%の信頼区間で推定せよ。

解) 支持する人の確率を p とし、支持しない人の確率は $q = 1-p$ とすると、その分布は

$$p(X = x) = f(x) = {}_N C_x (p)^x (1-q)^{N-x}$$

という 2 項分布に従う。また、500 人というデータを基にすれば

$$p = \frac{250}{500} = 0.5$$

と推定できる。よって、テレビ報道では、内閣支持率は 50%と発表される。しかし、これは点推定と呼ばれるものであり、統計的には、この支持率が、どの程度の信頼区間にあるかということを推定する必要がある。

そこで、この分布を正規分布で近似すれば、それは平均と分散が

$$\mu = Np = 500 \times 0.5 = 250$$

$$\sigma^2 = Npq = 500 \times 0.5 \times 0.5 = 125 \quad よって \quad \sigma = \sqrt{125} \cong 11$$

の正規分布となる。正規分布では 99%の信頼区間は(付表 1 参照)、

$$\mu \pm 2.57\sigma \quad であるから \quad 250 \pm 2.57 \times 11$$

となり

$$221 \leq x \leq 278$$

となる。よって、内閣支持率は 44.2%から 55.6%の間にあるということになる。

演習 11-2　ある地区の視聴率を 1000 戸の家を対象にして調査している。調査の結果、ある番組の視聴率が 35%と与えられたとき、母集団の視聴率を 95%の信頼度で区間推定せよ。

解）　このデータは、2 項分布における確率が

$$p = 0.35$$

ということを示している。そこで、この分布を正規分布で近似すれば、それは平均と分散が

$$\mu = Np = 1000 \times 0.35 = 350$$

$$\sigma^2 = Npq = 1000 \times 0.35 \times 0.65 \fallingdotseq 228 \quad \text{よって} \quad \sigma = \sqrt{228} \fallingdotseq 15$$

の正規分布となる。すでに、何度も紹介しているように、正規分布では 95%の信頼区間は

$$\mu \pm 1.96\sigma \quad \text{であるから} \quad 350 \pm 1.96 \times 15$$

となり

$$321 \leq x \leq 379$$

となる。よって、視聴率は 32.1%から 37.9%の間にあるということになる。

　最近では、視聴率の調査においては、標本数をさらに大きくしていると聞くが、いずれにしても 1%の上下で巨額の金が動くということを聞くと、首を傾げざるを得ない。
　本章で紹介したように、2 項分布が正規分布で近似できると、与えられた数値データが、どの程度信頼のおけるものなのかを調べることができるのである。マスコミで流されているデータは幅をもっては発表されないが、

科学的に解析するためには、信頼度と幅をもって、そのデータを吟味する必要があるのである。

第 12 章　確率密度関数

　もうすでに**確率密度関数** (probability density function) については本書でも紹介しているが、確率密度関数が有する特徴を整理したうえで、よく使われる関数について紹介する。
　確率分布の代表である正規分布に対応した確率密度関数は

$$f(x) = \frac{1}{\sigma\sqrt{2\pi}} \exp\left(-\frac{(x-\mu)^2}{2\sigma^2}\right)$$

であった。この分布は平均 $x = \mu$ を中心にして左右で完全に対称な分布である。そして、データ数が多い場合、かなりの分布が正規分布に近づいていくことが知られている。
　さて、この関数が確率密度関数と呼ばれる理由は

$$\int_a^b f(x)\,dx = \int_a^b \frac{1}{\sigma\sqrt{2\pi}} \exp\left(-\frac{(x-\mu)^2}{2\sigma^2}\right) dx$$

という積分が確率変数 X において $a \leq X \leq b$ の範囲にある確率を与えるからである。つまり、確率が

$$p(a \leq X \leq b) = \int_a^b \frac{1}{\sigma\sqrt{2\pi}} \exp\left(-\frac{(x-\mu)^2}{2\sigma^2}\right) dx$$

という積分で計算できるからである。
　そして、$-\infty \leq X \leq +\infty$ の範囲には、すべての確率変数が存在するので

第12章　確率密度関数

$$\int_{-\infty}^{+\infty} f(x)dx = \int_{-\infty}^{+\infty} \frac{1}{\sigma\sqrt{2\pi}} \exp\left(-\frac{(x-\mu)^2}{2\sigma^2}\right)dx = 1$$

となる。これが確率密度関数 $f(x)$ に課せられる条件である。確率密度関数を $-\infty$ から x まで積分して得られる新たな関数

$$F(x) = \int_{-\infty}^{x} f(x)dx = \int_{-\infty}^{x} \frac{1}{\sigma\sqrt{2\pi}} \exp\left(-\frac{(x-\mu)^2}{2\sigma^2}\right)dx$$

を**累積分布関数** (cumulative distribution function) と呼んでいる。

この理由は、この関数が x まで累積した確率の総数に相当するからである。当然のことながら、すべての確率密度関数 $f(x)$ に対応して、累積分布関数

$$F(x) = \int_{-\infty}^{x} f(x)dx$$

を考えることができる。また

$$F(\infty) = \int_{-\infty}^{\infty} f(x)dx = 1$$

となることも分かる。確率分布によっては、累積分布関数をもとに分布を考えた方が、その数学的な意味が明確となる場合も多い。

正規分布の他にも、いろいろな確率分布が存在し、それに対応した確率密度関数も存在する。ここで、確率密度関数になるための条件は

$$\int_{-\infty}^{+\infty} f(x)dx = 1 \qquad f(x) \geq 0$$

のふたつだけである。そして

$$p(a \leq X \leq b) = \int_{a}^{b} f(x)dx$$

という積分を計算すれば、$f(x)$ という確率密度関数に対応した確率分布において、変数 X が $a \leq X \leq b$ に存在する確率を与えてくれる。よって、確

率計算が簡単にできるのである。

　確率密度関数の条件は、それほど厳しくないので数多くの確率分布が存在すると予想される。実際、その通りであるが、数学的な確率計算において、重要となる確率分布はそれほど多くはない。本章では、そのいくつかを紹介する。

12.1. 単純な確率分布

　確率変数 X の定義域が $a \leq X \leq b$ で、この定義域では確率が常に一定という分布を考えることができる。第 4 章でも紹介したが、このような分布を**一様分布** (uniform distribution) と呼んでいる。確率密度関数は

$$\begin{cases} f(x) = c & (a \leq x \leq b) \\ f(x) = 0 & (x < a, x > b) \end{cases}$$

となる。ここで、確率密度関数に課される条件から

$$\int_{-\infty}^{+\infty} f(x)\,dx = \int_a^b f(x)\,dx = \int_a^b c\,dx = \left[cx\right]_a^b = c(b-a) = 1$$

よって

$$c = \frac{1}{b-a}$$

となる。したがって一様分布の確率密度関数は

$$\begin{cases} f(x) = \dfrac{1}{b-a} & (a \leq x \leq b) \\ f(x) = 0 & (x < a, x > b) \end{cases}$$

となる。

　一様分布の平均と分散を求めてみよう。まず平均は

$$E[x] = \int_{-\infty}^{+\infty} x f(x)\,dx = \int_a^b \frac{x}{b-a}\,dx = \left[\frac{x^2}{2(b-a)}\right]_a^b = \frac{b^2 - a^2}{2(b-a)} = \frac{a+b}{2}$$

となる。つぎに分散を求める。

$$E[x^2] = \int_{-\infty}^{+\infty} x^2 f(x) dx = \int_a^b \frac{x^2}{b-a} dx = \left[\frac{x^3}{3(b-a)}\right]_a^b = \frac{b^3 - a^3}{3(b-a)} = \frac{a^2 + ab + b^2}{2}$$

である。よって、分散は

$$V[x] = E[x^2] - \{E[x]\}^2 = \frac{a^2 + ab + b^2}{2} - \left(\frac{a+b}{2}\right)^2 = \frac{a^2 + b^2}{4}$$

と与えられる。

演習 12-1 確率変数 X の分布が

$$\begin{cases} f(x) = a - x & (0 \leq x \leq a) \\ f(x) = 0 & (x < 0, x > a) \end{cases}$$

という関数に従うとき、この関数が確率密度関数となるように、a の値を求めよ。

解) 確率密度関数の性質から

$$\int_{-\infty}^{+\infty} f(x) dx = 1$$

であるから

$$\int_{-\infty}^{+\infty} (a - x) dx = \int_0^a (a - x) dx = \left[ax - \frac{x^2}{2}\right]_0^a = a^2 - \frac{a^2}{2} = \frac{a^2}{2} = 1$$

よって

$$a = \sqrt{2}$$

となる。

演習 12-2 確率変数 X の分布が

$$\begin{cases} f(x) = \sqrt{2} - x & (0 \leq x \leq \sqrt{2}) \\ f(x) = 0 & (x < 0, x > \sqrt{2}) \end{cases}$$

という確率密度関数に従うとき、この確率分布の平均と分散を求めよ。

解) 平均は

$$E[x] = \int_{-\infty}^{+\infty} xf(x)dx = \int_0^{\sqrt{2}} x(\sqrt{2}-x)dx = \left[\frac{\sqrt{2}x^2}{2} - \frac{x^3}{3}\right]_0^{\sqrt{2}} = \sqrt{2} - \frac{2\sqrt{2}}{3} = \frac{\sqrt{2}}{3}$$

となる。つぎに分散を求める。まず

$$E[x^2] = \int_{-\infty}^{+\infty} x^2 f(x)dx = \int_0^{\sqrt{2}} x^2(\sqrt{2}-x)dx = \left[\frac{\sqrt{2}x^3}{3} - \frac{x^4}{4}\right]_0^{\sqrt{2}} = \frac{4}{3} - \frac{4}{4} = \frac{1}{3}$$

である。よって、分散は

$$V[x] = E[x^2] - \{E[x]\}^2 = \frac{1}{3} - \left(\frac{\sqrt{2}}{3}\right)^2 = \frac{1}{9}$$

と与えられる。

　ここで紹介した以外にも、数多くの確率分布を考えることができる。ただし、その確率分布が実際の確率計算において意味があるかどうかは判断のしようがない。おそらくは、あまり意味がないものの方が多いであろう。
　そこで、次節以降は、確率論の分野で重用されている確率分布と確率密度関数を紹介する。

12.2. 指数分布

　ある装置が故障する確率を考えるときに、当然、新品のときには故障確率は 0 で時間 (*t*) とともに、故障する確率は増えていくことになる。この時、装置が故障していない確率をつぎの指数関数で表現できることが 1950 年ごろに知られるようになった。それは

$$f(t) = A\exp(-\lambda t)$$

という形をした指数関数である。時間が負になることはないから、当然、この関数の定義域は $t \geq 0$ である。ここで、この関数が確率密度関数になるための条件は

$$\int_{-\infty}^{+\infty} f(t)dt = 1$$

であった。よって

$$\int_{-\infty}^{+\infty} f(t)dt = \int_{0}^{+\infty} A\exp(-\lambda t)dt = \left[-\frac{A}{\lambda}\exp(-\lambda t) \right]_{0}^{+\infty} = \frac{A}{\lambda} = 1$$

となり、結局、定数項は

$$A = \lambda$$

となる。つまり、指数分布の確率密度関数は

$$\begin{cases} f(t) = \lambda\exp(-\lambda t) & (t \geq 0) \\ f(t) = 0 & (t < 0) \end{cases}$$

と与えられる。

演習 12-3　ある会社が新しい製造装置を購入した。この故障確率は

$$\begin{cases} f(t) = 0.5\exp(-0.5t) & (t \geq 0) \\ f(t) = 0 & (t < 0) \end{cases}$$

という指数分布(ただし *t* の単位は年である)に従う。この装置が 3 年後に故障している確率を求めよ。

解） この場合の故障確率は、確率密度関数の 0 から 3 年までの積分で与えられる。よって

$$\int_0^3 0.5\exp(-0.5t)dt = 0.5\frac{1}{-0.5}[\exp(-0.5t)]_0^3 \cong 1-\exp(-1.5) \cong 1-0.223 = 0.777$$

となり、3 年後には約 8 割の確率で故障していることになる。

本章の冒頭でも紹介したが、確率密度関数 $f(t)$ を $-\infty \leq t \leq x$ までの範囲で積分して得られる関数

$$F(x) = \int_{-\infty}^x f(t)dt$$

を累積分布関数と呼んでいる。これは、$-\infty$ から x までの範囲に、確率変数が入る確率を与える。演習 12-3 では、故障する累積確率に相当する。当然、

$$F(\infty) = \int_{-\infty}^{+\infty} f(t)dt = 1$$

という関係にある。これは、全空間で積分すれば、その確率は 1 になるというもので、確率密度関数が満たすべき条件となっている。ここで、指数関数の累積分布関数の一般式を求めてみよう。

$$F(x) = \int_0^x f(x)dx = \int_0^x \lambda\exp(-\lambda x)dx = \left[\frac{\lambda\exp(-\lambda x)}{-\lambda}\right]_0^x = -\exp(-\lambda x)+1$$

よって

$$F(x) = 1-\exp(-\lambda x)$$

で与えられる。ここで、累積分布関数において、x として時間 t を考えると、このグラフは図 12-1 に示したようになる。この図は、故障確率がどのように増えていくかを示している。ここで、$t=0$ つまり初期では

$$F(0) = 1-\exp(-0) = 1-1 = 0$$

となって、故障確率は 0 であることが分かる。そして、時間の経過、つまり x の増加とともに次第に $F(t)$ は増加してゆき、$t \to \infty$ の極限では

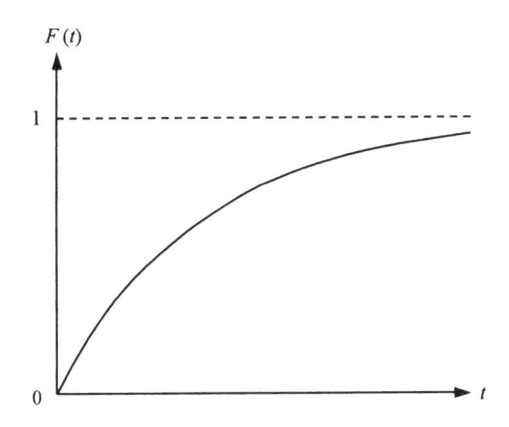

図12-1 $F(t) = 1 - \exp(-\lambda t)$ のグラフ。

$$\lim_{t \to \infty} F(t) = 1 - \exp(-\infty) = 1$$

となって、故障確率は1、つまりすべての製品が故障するということになる。

12.3. ワイブル分布

指数分布が、機械の故障確率を与える良い近似になることが知られていたが、研究が進むとともに、単純な指数分布では、多くの場合に対応できないことが分かってきた。その修正の結果登場したのが**ワイブル分布** (Weibull distribution) である。この分布は1939年にスウェーデンの物理学者Weibull が、材料の強度は、その材料の最も弱い部分で決定されるという考え、つまり「最弱リンクモデル」を基礎にして導出された確率密度分布である。

ワイブル分布の原型である指数分布の確率密度関数と累積分布関数は、前節で示したように

$$f(x) = \lambda \exp(-\lambda x) \qquad F(x) = 1 - \exp(-\lambda x)$$

であった。しかし、この式では、なぜうまく機械の故障に対応できないのであろうか。

それを考えるために、**ハザード関数** (hazard function) というものを導入してみる。この関数は以下で定義される。

第12章　確率密度関数

$$h(t) = \lim_{\Delta t \to 0} p\{t < T < t + \Delta t\}$$

ここで、p はある装置が故障する確率である。よって、この式は時間 t までは故障せずに作動していたが、Δt 時間後は故障するという瞬間的な確率を与える式であり、いわば、ある時間 t にハザードすなわち故障が起こる確率を示している関数と考えられる。累積分布関数を使うと、この式は

$$h(t) = \lim_{\Delta t \to 0} \frac{F(t+\Delta t) - F(t)}{1 - F(t)} \bigg/ \Delta t$$

と書きかえることができる。ここで、$1-F(t)$ は時間 t までに故障せずに残っている確率を示している。$F(t+\Delta t)-F(t)$ は、Δt 時間後に故障する確率であり、これを Δt で除したものは、まさに $F(t)$ の微分であるから、確率密度関数となり

$$h(t) = \lim_{\Delta t \to 0} \frac{F(t+\Delta t) - F(t)}{\Delta t} \bigg/ \{1 - F(t)\} = \frac{f(t)}{1 - F(t)}$$

と与えられる。

　ここで指数分布のハザード関数を計算してみよう。すると

$$h(t) = \frac{\lambda \exp(-\lambda t)}{1 - \{1 - \exp(-\lambda t)\}} = \lambda$$

となって、何と**指数分布では時間に関係なく故障率は常に一定**ということになる。しかし、普通の装置を考えてみると、故障率が常に一定という仮定は成立せず、時間とともに故障する装置が増えてくるという状態が当然である。そこで、指数関数を少し変形して、時間とともに故障率が増えていくようにする。すると

$$F(x) = 1 - \exp(-\lambda x)$$

のかわりに

$$F(x) = 1 - \exp(-\alpha x^m)$$

という累積分布関数を考えれば良いことが分かる。ただし、$m > 1$ である。こうすれば、時間とともに、故障する確率が増えるという、われわれが普段体験している事象に適用することができる。

第12章 確率密度関数

この累積分布関数を微分すれば、確率密度関数を得ることができる。指数関数の合成関数の微分は

$$(\exp(f(x)))' = \exp(f(x))f'(x)$$

であることに注意すると

$$\frac{dF(x)}{dx} = -\exp(-\alpha x^m)(-\alpha x^m)' = -\exp(-\alpha x^m)(-m\alpha x^{m-1})$$

よって

$$\frac{dF(x)}{dx} = f(x) = m\alpha x^{m-1}\exp(-\alpha x^m)$$

となる。この確率密度関数に対応した分布をワイブル分布と呼んでいる。つまり、ワイブル分布は、指数分布を基本にして、その故障確率が時間とともに増えるように修正したものである。

ただし、実用的には $m>1$ という制限をつける必要はない。この時、m の値によって、分布の意味が違ってくる。例えば、$m<1$ ということは、時間とともに故障率が下がるということに対応するが、普通の装置でこんなことは起きない。つまり、初期不良で装置が動かない状態に対応する。また、$m=1$ の場合には、常に一定の確率で故障が生じることになるが、実際の装置では、あまりこのケースに相当する場合は考えられず、むしろ物理学で原子核の崩壊や、物体の温度が低下していく場合に適用できる。

一方、$m>1$ のワイブル分布は、時間とともに故障率が上がっていくという事象であるから、ほとんどの工業的な製品の寿命を予測するのに適している。実は、工業製品だけでなく人間もいくつかの部品からなっている機械とみなすことができる。すると、その寿命もワイブル分布で表現することができそうであるが、実際に医学の世界ではワイブル分布で人間の寿命の解析が行われているのである。

ここで、ワイブル分布の基本式を、もう一度抜き出してみよう。

$$f(x) = m\alpha x^{m-1}\exp(-\alpha x^m)$$

ここで、$\alpha=1$ として m を変えてグラフを描くと、図12-2に示すように、この確率密度関数の様子は、大きく変化する。つまり、m がその特徴を決

第12章 確率密度関数

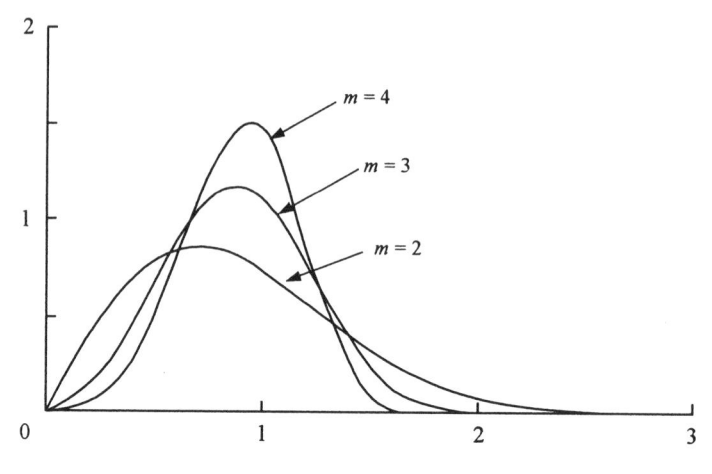

図12-2 ワイブル係数 (m) 2,3,4 に対応したワイブル分布。

めることになる。このため、m を形状係数と呼んでいる

ワイブル分布では、ある製品や人の寿命を考えているので、この分布の定義域は $x > 0$ である。また、x は連続型確率変数となる。ここで、この関数が確率密度関数の条件を満たすかどうか、まず確かめてみよう。この関数を全空間で積分する。

$$\int_{-\infty}^{+\infty} f(x)\,dx = \int_{0}^{\infty} m\alpha\, x^{m-1} \exp(-\alpha\, x^m)\,dx$$

である。ここで、すでに見たように被積分関数は

$$\exp(-\alpha\, x^m)$$

の微分であるから

$$\int_{-\infty}^{+\infty} f(x)\,dx = \int_{0}^{\infty} m\alpha\, x^{m-1} \exp(-\alpha\, x^m)\,dx$$
$$= \left[-\exp(-\alpha\, x^m)\right]_{0}^{\infty} = -\exp(-\alpha\, x^{\infty}) - (-\exp 0) = 0 + 1 = 1$$

となって、確かに 1 となって、確率密度関数の条件を満たすことが分かる。

つぎに、ワイブル分布のハザード関数を求めてみよう。

$$h(x) = \frac{f(x)}{1-F(x)} = \frac{m\alpha x^{m-1}\exp(-\alpha x^m)}{1-\left(1-\exp(-\alpha x^m)\right)} = \frac{m\alpha x^{m-1}\exp(-\alpha x^m)}{\exp(-\alpha x^m)} = m\alpha x^{m-1}$$

よって、確かに $m>1$ の時は、x の増加とともに故障率が上昇していくことが分かる。

第13章　確率過程とランダムウォーク

13.1. ランダムウォークとは

前章まで扱ってきた現象では、確率の時間変化は考えていなかった。しかし、多くの現象では、確率は常に一定ではなく、時間と共に変化する。例えば、天気予報を見ていると、降雨確率は時間と共に、どんどん変化していく。あまりにも変化が激しいので、追いついていけないときさえある。

このように、時間とともに確率が変化する動的な過程を**確率過程** (stochastic process) と呼んでいる。もちろん、すべての現象に確率的な考えを適用することはできないが、一見偶然に左右されるような現象でも、ある時刻からつぎの時刻への変化が確率的に起きていることがあるのである。

このとき、確率変数は時間 t の関数となり $X(t)$ と書くことができる。この $X(t)$ の取り得る変数を $x(t)$ と書き、これを確率過程の**標本関数** (sample function) と呼んでいる。また時刻に対応した変数 t を**時助変数** (time parameter) と呼ぶ。確率過程の標本関数が分かれば、確率過程の**時系列** (time series) をすべて解析することができる。

動的な確率変化を考える基本的な問題として**ランダムウォーク** (random walk) と呼ばれる運動がある。いま、図13-1の直線の原点 ($x = 0$) に酔っ払い (a drunken man) がいるものとする[1]。この酔っ払いは右にも左にも同じ

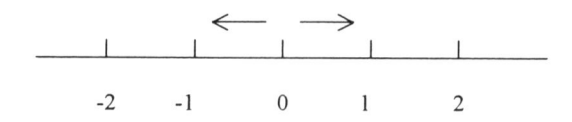

図13-1　ランダムウォーク。原点に酔っ払いが居て、1/2の確率で右あるいは左に移動する。この左右の運動を続けていく。

---

[1] ランダムウォークは酔歩と訳される。つまり酔っ払いの歩行(the wanderings of a drunken man)と同じという意味である。

確率で動くとする。1分間に目盛を1だけ進むものとして、n 分後に、酔っ払いがどの位置にいるかを考えてみよう。

まず、1分後に、目盛1にいる確率は 1/2、目盛−1 にいる確率も 1/2 である。さらに 1 分後には、目盛 1 にいた場合、目盛 2 にいる確率が 1/2、目盛 0 にいる確率が 1/2 となる。これを表にしてみよう。すると

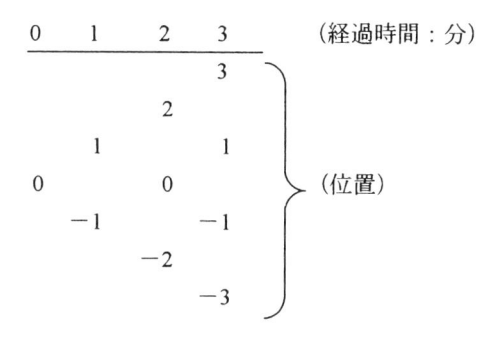

```
 0   1   2   3        (経過時間：分)
             3
         2
     1       1
 0           0                     (位置)
    −1      −1
        −2
            −3
```

となる。実は、この分布は 2 項分布で整理することができる。いまの場合、右（+1）に移動する確率が 1/2、左（−1）に移動する確率も 1/2 である。例えば 3 分後にいる位置は −3, −1, 1, 3 のいずれかである。ここで、1 の位置に居る確率は、3 回の移動の組合せが

$$(+1,\ +1,\ -1)$$

の場合であるから、その確率は

$$_3C_2\left(\frac{1}{2}\right)^2\frac{1}{2}=3\times\frac{1}{8}=\frac{3}{8}$$

で与えられることになる。つぎに、3 の位置にいる確率を考えてみよう。この位置にいるためのステップとしては

$$(+1,\ +1,\ +1)$$

の 1 通りしかない。よって

$$_3C_3\left(\frac{1}{2}\right)^3\left(\frac{1}{2}\right)^0=\frac{1}{8}$$

となり、その確率は 1/8 となる。同様にして−1 の位置にいる確率は 3/8、−3 の位置にいる確率は 1/8 となる。

4 分後には $(-4, -2, 0, 2, 4)$、5 分後には $(-5, -3, -1, 1, 3, 5)$ の位置を占めることになる。それぞれの位置にいる確率は、2 項分布を利用して計算することができる。例えば、4 分後には

$$_4C_r\left(\frac{1}{2}\right)^r\left(\frac{1}{2}\right)^{4-r} = {}_4C_r\left(\frac{1}{2}\right)^4$$

5 分後には

$$_5C_r\left(\frac{1}{2}\right)^r\left(\frac{1}{2}\right)^{5-r} = {}_5C_r\left(\frac{1}{2}\right)^5$$

のようになる。

このように、時間の経過とともに、酔っ払いのさまよう範囲は広がりをみせる。これは、自然現象では、まさに拡散と同様である。例えば、水にたらした一滴のインクが広がる現象がこれである。

ランダムウォークで、時間が偶数か奇数かによって、その占める位置が異なってくる。偶数分（$2m$ 分）後の場合には

$$(-2m, -2m+2, -2m+4, \cdots, 0, \cdots, 2m-4, 2m-2, 2m)$$

の位置を、奇数分（$2m+1$ 分）後には

$$(-2m-1, -2m+1, -2m+3, \cdots, -1, +1, \cdots, 2m-3, 2m-1, 2m+1)$$

の位置を占める。

演習 13-1　原点を起点とするランダムウォークにおいて、1 分の間に同じ確率 1/2 で +1 または −1 の距離を移動するものとする。10 分後に、目盛 6、8、10 の位置にいる確率を求めよ。

解）　目盛 6 に居るのは、+1 が 8 個、−1 が 2 個の場合である。よって、目盛 6 に居る確率は

$$_{10}C_8\left(\frac{1}{2}\right)^8\left(\frac{1}{2}\right)^2 = \frac{10\times 9}{2}\left(\frac{1}{2}\right)^{10} = \frac{45}{1024} \cong 0.044$$

となる。同様にして目盛8および10に居る確率は、それぞれ

$$_{10}C_9\left(\frac{1}{2}\right)^9\left(\frac{1}{2}\right)^1 = 10\left(\frac{1}{2}\right)^{10} = \frac{10}{1024} = \frac{5}{512} \cong 0.0098$$

$$_{10}C_{10}\left(\frac{1}{2}\right)^{10}\left(\frac{1}{2}\right)^0 = \left(\frac{1}{2}\right)^{10} = \frac{1}{1024} \cong 0.00098$$

となる。

この問題において、目盛 $x = -6$ に居る確率は、+1 が 2 個、-1 が 8 個の場合に相当するから

$$_{10}C_2\left(\frac{1}{2}\right)^2\left(\frac{1}{2}\right)^8 = \frac{10\times 9}{2}\left(\frac{1}{2}\right)^{10} = \frac{45}{1024} \cong 0.044$$

となって、すぐに分かるように $x = +6$ の位置に居る確率とまったく同じになる。同様にして、すべての正負の位置に対して、この関係が成立し、ランダムウォークで左右に動く確率が同じ場合には、完全に左右対称となる。（当たり前の話であるが）このようなランダムウォークを対称なランダムウォーク (symmetric random walk) と呼んでいる。

演習 13-2 いま原点に位置している粒子が、単位時間の間に、同じ確率 1/2 で +1 または -1 の距離を移動するものとする。時刻 10 に、目盛 0 の位置に粒子がいる確率を求めよ。

解) 目盛 0 に居るのは、+1 が 5 個、-1 が 5 個の場合である。よって、目盛 0 に居る確率は

$$_{10}C_5\left(\frac{1}{2}\right)^5\left(\frac{1}{2}\right)^5 = \frac{10\times 9\times 8\times 7\times 6}{5\times 4\times 3\times 2}\left(\frac{1}{2}\right)^{10} = \frac{252}{1024} \cong 0.25$$

となる。

ここで、対称なランダムウォークの場合の一般式を考えてみよう。時刻 0 のときに原点 $x = 0$ に居る粒子が、単位時間に同じ確率で $+1$ あるいは -1 だけ進むものとする。この粒子が時刻 n に、どの位置にいるかを考えてみよう。するとこの粒子の位置は、遠い方から考えると

$$n, n-2, n-4, n-6, \cdots$$

となる。これは

$+1$ が n 個で -1 が 0 の場合には、位置は $x = n$
$+1$ が $n-1$ 個で -1 が 1 個の場合には、位置は $x = n-2$
$+1$ が $n-2$ 個で -1 が 2 個の場合には、位置は $x = n-4$

となるからである。
　よって、一般式として $n-k$ 個が $+1$ の場合には、k 個が -1 であるので、その位置は

$$(n-k) \times (+1) + k \times (-1) = n - k - k = n - 2k$$

のように、$x = n - 2k$ となる。そこで、一般式として、時刻 n の時点で、粒子が $x = n - 2k$ にいる確率を求めてみよう。すると

$$_nC_k \left(\frac{1}{2}\right)^k \left(\frac{1}{2}\right)^{n-k} = {}_nC_k \left(\frac{1}{2}\right)^n$$

となる。　もちろん、左右対称であるから、この確率は粒子が位置

$$x = -(n-2k) = 2k - n$$

にいる確率ともなっている。
　実際の確率過程ではステップ数は 100 以上となる。すると、とたんに確率計算は大変になる。例えば、原点 $x = 0$ に位置している粒子が、単位時間の間に、同じ確率 1/2 で $+1$ または -1 の距離を移動するものとする。時刻 100 に、目盛 0 の位置に粒子がいる確率を求めてみよう。すると対称的なランダムウォークの式から

$$_nC_k \left(\frac{1}{2}\right)^n = {}_{100}C_{50} \left(\frac{1}{2}\right)^{100}$$

となる。

いまでは、パソコンの高性能化で、その計算も簡単にできるようになっているが、高速コンピュータのない時代には、すでに紹介したスターリング近似と呼ばれる手法を使って計算していたのである。この近似を復習すると

$$\ln N! \cong \left(N + \frac{1}{2}\right)\ln N - N + 0.92$$

であった。ここで、先ほどの確率を p と置く。

$$p = \frac{100!}{50!50!}\left(\frac{1}{2}\right)^{100}$$

両辺の自然対数をとると

$$\ln p = \ln 100! - 2\ln 50! + 100\ln(1/2)$$

となる。スターリング近似を使うと

$\ln p \cong 100.5\ln 100 - 100 + 0.92 - 2(50.5\ln 50 - 50 + 0.92) + 100\ln(1/2)$
$\cong 100.5\ln 100 - 101\ln 50 - 0.92 - 100\ln 2 = 462.82 - 395.11 - 0.92 - 69.31 = -2.52$

従って、求める確率は

$$p \cong \exp(-2.52) = \frac{1}{\exp(2.52)} \cong 0.078$$

となる。

13.2. ランダムウォークの道

ランダムウォークの経過の様子をグラフ化すると、その時間変化を視覚で捉えることができる。この時、たて軸に $x(t)$ をとり、横軸に t をとる。すると、図 13-2 のようになる。

つまり、現在位置を $x(t)$ とすると、それに至る経過を見ることができるのである。その経過は

$$\{x(1), x(2), x(3), x(4), \cdots, x(n)\}$$

図 13-2

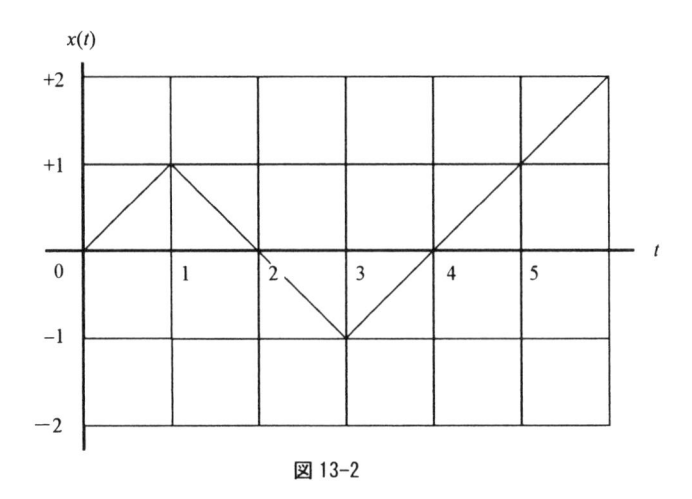

と書くことができる。あるいは $(x(t), t)$ という座標表示をすると、時刻 t に原点から $x(t)$ だけ離れた位置に居るということを示している。

前節で行った一般化で、n ステップ後には

$$(x(t), t) = (n-2k, n)$$

という位置に居ると書くことができる。それでは、ここにいたる道はどれくらいの数になるのであろうか。これは、この位置に至るまでに $+1$ の方向に $n-k$ 回、-1 の方向に k 回進んだということであるから $n-k$ 個の $+1$ と k 個の -1 を並べる場合の数となる。よって

$$\frac{n!}{(n-k)!k!}$$

と与えられる。これは、まさに組合せの数であり、道の総数は

$$\frac{n!}{(n-k)!k!} = {}_nC_k$$

ということになる。

第13章　確率過程とランダムウォーク

演習 13-3　ランダムウォークしている粒子が、10ステップ後に、$x(10) = 6$ に至る道の総数を求めよ。

解）　$+1$ の方向に8回、-1 の方向に2回進む道の総数であるから

$$_{10}C_8 = \frac{10!}{8!2!} = \frac{10 \times 9}{2} = 45$$

となって、45通りとなる。

演習 13-4　ランダムウォークしている粒子が、100ステップ後に、$x(100) = 50$ に至る道の総数を求めよ。

解）　$+1$ の方向に75回、-1 の方向に25回進む道の総数であるから

$$_{100}C_{75} = \frac{100!}{75!25!}$$

となる。
　このまま計算すると、大変な手間を要するので、再びスターリング近似を使う。この数を N と置いて両辺の自然対数をとると

$$\ln N = \ln 100! - \ln 75! - \ln 25!$$

ここでスターリング近似を使うと

$$\ln N \cong \left(100 + \frac{1}{2}\right)\ln 100 - 100 + 0.92$$
$$- \left\{\left(75 + \frac{1}{2}\right)\ln 75 - 75 + 0.92\right\} - \left\{\left(25 + \frac{1}{2}\right)\ln 25 - 25 + 0.92\right\}$$
$$= 100.5 \ln 100 - 75.5 \ln 75 - 25.5 \ln 25 - 0.92$$
$$\cong 462.82 - 325.97 - 82.08 - 0.92 = 53.85$$

よって

$$N \cong \exp(53.85) = 2.44 \times 10^{23}$$

となる。

この演習からも分かるように、ステップ数が少し増えただけで、その道の数は急激に増えていき、100ステップでは、すでに天文学的な数字になっている。
　ここで、第11章の近似理論を思い出して欲しい。2項分布において試行回数が大きくなると、正規分布に近づいていくことを示した。この時2項分布 $Bin(N, p)$ は、平均が Np で、分散が $Np(1-p)$ の正規分布に従うから、$p = 1/2$ の場合は

$$f(x) = \frac{1}{\sqrt{2\pi(N/4)}}\exp\left(-\frac{(x-(N/2))^2}{2(N/4)}\right) = \frac{1}{\sqrt{(\pi N)/2}}\exp\left(-\frac{2(x-(N/2))^2}{N}\right)$$

で近似できる。
　ランダムウォークの場合は平均が0であるので、平均が $\mu = 0$ となるように平行移動すれば

$$f(x) = \frac{1}{\sqrt{\pi N/2}}\exp\left(-\frac{2x^2}{N}\right)$$

となり、平均が0で分散が $N/4$ の正規分布となる。
　つまり、試行回数 N が増えるにしたがって、分散が増えることになる。例えば試行回数が20回では

$$f(x) = \frac{1}{\sqrt{10\pi}}\exp\left(-\frac{x^2}{10}\right) = 0.178\exp\left(-\frac{x^2}{10}\right)$$

試行回数が200回では

$$f(x) = \frac{1}{\sqrt{100\pi}}\exp\left(-\frac{x^2}{100}\right) = 0.0564\exp\left(-\frac{x^2}{100}\right)$$

となる。このように、ランダムウォークの確率分布は、時間の経過とともに正規分布のかたちを保ちながら、ピーク値が小さくなり、逆に分散が大きくなっていくのである。
　ここで、原点にひとりの酔っ払いではなく、1000人の酔っ払いがいる場合を想定してみよう。すると、ひとりひとりはランダムウォークの確率で動いていくが、それは結局のところ、集団としては、図13-3に示すように、

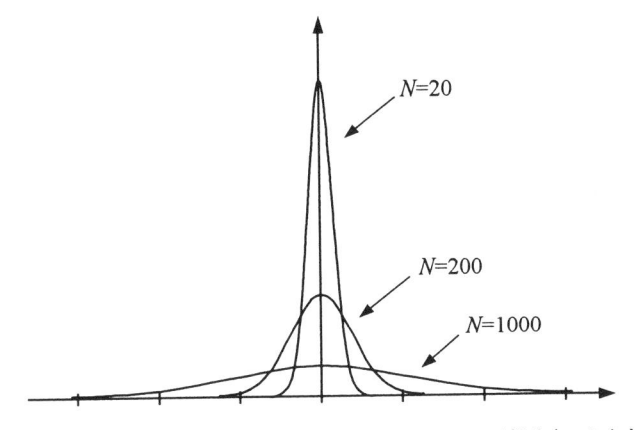

図 13-3 試行回数 N が増えるに従って、集団としては正規分布のかたちを保ちながら分散が広がっていく。

正規分布のかたちを保ちながら広がっていくことになる。つまり、酔っ払いの中には、ずっと同じ方向に動いていくものもあるかもしれないが、それは稀な例で、多くは右に動いたり、左に動いたりして、もとの位置のまわりをふらふらしているものが多いということである。ただし、時間とともに、それがばらばらになっていくのである。

これは、ちょうど粒子の拡散に相当する。実際に、ランダムウォークの理論は拡散現象の解析に利用されている。

また、第 9 章において、誤差の分布がガウス関数に従うという明確な根拠はないということを説明したが、ランダムウォークが粒子数とステップ数が増えると、正規分布になるという事実は、その背景のひとつとなっている。

つまり、数多くの誤差のデータを集めれば、それはプラス側にもマイナス側にも触れるが、中心から距離が離れれば、その確率は次第に小さくなっていくというものである。

13.3. ランダムウォークの偏り

前節で見たように、ランダムウォークでは、その存在確率は正規分布にしたがう。よって、原点付近をうろうろしている確率が高く、原点から距離が離れるにしたがって、その確率は減っていくのである。とすると、ラ

ンダムウォークにおいて、正の領域にいる確率と負の領域にいる確率はどうなのであろうか。常識から考えれば、正規分布は左右対称で中心が高いから、正の領域と、負の領域を行ったり来たりする確率が最も高いと考えられる。

例えば、コイン投げで表が出たら 10 円貰い、裏が出たら 10 円払うというゲームをすれば、長い時間をかければ損にも得にもならないと考えるのが当たり前であろう。ところが、公平なはずのゲームでも、一晩たってみると大勝ちするか大負けしていることが多い。こんな単純なゲームに限らず、確かに、賭け事にはツキがあり、不思議といい時には勝ち続けるし、だめな時は、どんなに頑張ったところで、負けてしまうことが多い。

実は、不思議なことに、ランダムウォークで計算してみると、正の領域、あるいは負の領域にずっと居つづける確率の方が、正の領域と負の領域を行ったり来たりする確率よりも、はるかに高いのである。確かに、平均は 0 となるのであるが、その確率分布は正規分布とは異なるかたちになる。結論から言うと、ある時間の間に、正の領域に居る確率を x とすると、その確率分布は

$$p(x) = \frac{1}{\pi\sqrt{x(1-x)}}$$

となる。ここで、負の領域に居る確率は $1-x$ である。これをグラフに書くと図 13-4 のようになり、正と負の領域に等しい確率で居る確率 0.5 のところが最低となっている。そして、$x=1$ 、つまり正の領域に居つづける確率、

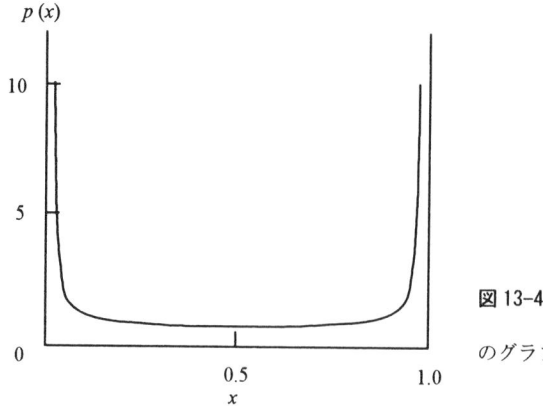

図 13-4　$p(x) = \dfrac{1}{\pi\sqrt{x(1-x)}}$ のグラフ。

あるいは $x = 0$、つまり負の領域に居つづける確率の方がはるかに高いということを示している。

　これは、ゲームの勝敗も、みんなが平等に勝ったり負けたりするよりも、誰かが勝ちつづけるか、誰かが負けつづける確率が圧倒的に高いということを示している。

　とても常識では受け入れがたい結果であるが、事実は小説よりも奇なりという訳ではないが、これが事実である。それでは、どうして、このような結果になるのかを導出してみよう。

　それでは、ランダムウォークにおいて、正の領域にずっと居る場合の数を考えてみる。それを考えるためには、まず、n 時間後に、位置 $n-2k$ の位置に居るという場合を考える。この位置に至る道の総数は

$$\frac{n!}{(n-k)!k!} = {}_nC_k$$

通りであった。それでは、$x(0) = 0$ から出発して、常に正の領域にいながら、つまり $x(t) > 0$ という条件を満足しながら、$x(n) = n-2k$ に至る道の数を求めてみよう。まず、正の領域に居るためには、最初の一歩は、正の方向に動く必要があるので

$$x(1) = +1$$

という条件がつく。次に、$x(1) = +1$ から、$x(n) = n-2k$ に至る総数を求めてみよう。これは、$+1$ を $n-k-1$ 個、-1 を k 個並べる数となるから

$$_{n-1}C_k$$

となる。ただし、この道には、t 軸と交わったり、負の領域に入る場合も含まれているので、その数を引く必要がある。

　これを考えるために、鏡像の定理というものを使おう。いま $x(t)$-t 図面において、正の領域と負の領域の対称な位置にある 2 点を考える。これらを座標を、$(x(t), t)$ として

$$A(1, 1) \quad A'(-1, 1)$$

と表す。これら 2 点から正の領域にある点 $B(n-2k, n)$ に至る道を考えてみる。ここで、A 点から出発して最初に t 軸と出会う点を $O(t, 0)$ とする。こ

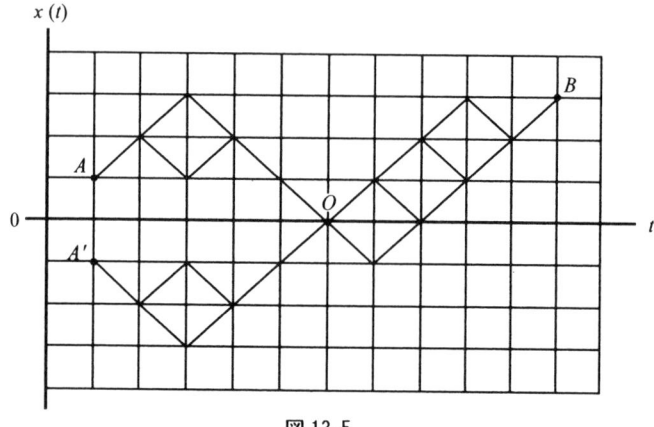

図 13-5

こで、A'点から出発して O 点に至る道は、上下対称であるから、図 13-5 からも分かるように、その数はまったく同数となる。つぎに、O 点から B 点に至る道は、A 点から出発したか、あるいは A'点から出発したかということに関係なく、共通である。

つまり、A 点から出発して1回でも t 軸と交わり（あるいは1回でも原点に復帰し）、その後点 B に至る道の数は、A'点から出発して点 B に至る道

$$A'(-1, 1) \to B(n-2k, n)$$

の数と同じということになる。

この数は、$+1$ を $n-k$ 個、-1 を $k-1$ 個並べる数であるから

$$_{n-1}C_{k-1}$$

となる。

よって、原点に復帰せず、常に正の領域を通りながら点 $B(n-2k, n)$ に至る道の総数は

$$\begin{aligned}
{}_{n-1}C_k - {}_{n-1}C_{k-1} &= \frac{(n-1)!}{(n-k-1)!k!} - \frac{(n-1)!}{(n-k)!(k-1)!} \\
&= \frac{(n-1)!}{(n-k-1)!(k-1)!k} - \frac{(n-1)!}{(n-k-1)!(n-k)(k-1)!}
\end{aligned}$$

$$= \frac{(n-1)!}{(n-k-1)!(k-1)!}\left(\frac{1}{k}-\frac{1}{n-k}\right) = \frac{(n-1)!}{(n-k-1)!(k-1)!}\frac{n-2k}{k(n-k)}$$

$$= (n-2k)\frac{(n-1)!}{(n-k)!k!} = \frac{n-2k}{n}\frac{n!}{(n-k)!k!} = \frac{n-2k}{n}{}_nC_k$$

となることが分かる。少し苦労したが結果は、いとも簡単である。結局

$$\frac{n-2k}{n}{}_nC_k$$

が、正の領域をさまよう時の道の数である。例えば、$k=0$ とすると

$$\frac{n-2k}{n}{}_nC_k = \frac{n}{n}{}_nC_0 = 1$$

となる。これは、n 回ともすべて $+1$ の場合に相当する。つぎに $k=1$ の場合は

$$\frac{n-2k}{n}{}_nC_k = \frac{n-2}{n}{}_nC_1 = n-2$$

通りとなる。逆に考えれば、2 通りだけ t 軸に交わる道があるということである。これは、最初に $(-1, 1)$ へ移動した後は、すべて $+1$ の移動を行う道と、最初は、$(1, 1)$ へ移動したのち、つぎに -1 進んで $(0, 2)$ と原点に戻ったのち、後は、すべて $+1$ の移動を行う道の 2 つだけである。

演習 13-5 $(0, 0)$ から $(1, 5)$ へ至る道で、正の領域のみを通る道を示せ。これは原点から出発して、時刻 5 で $x(5) = 1$ に至る経路である。

解) まず、$(0, 0)$ から原点に復帰せず $(n-2k, n)$ に至る道の総数は

$$\frac{n-2k}{n}{}_nC_k$$

で表されるから、$(0, 0)$ から原点に復帰せず $(1, 5)$ に至る道の総数は $n=5$、

$k=2$ の場合である。よって

$$\frac{n-2k}{n}{}_nC_k = \frac{5-2\times 2}{5}{}_5C_2 = \frac{1}{5}\times\frac{5\times 4}{2} = 2$$

となって、2つしかないことが分かる。つぎに、その道は、必ず(1, 1)を通る。ここで、この道を

$$\{x(1), x(2), x(3), x(4), x(5)\}$$

という表記をすると、順序だてて試みれば

$$\{1, 2, 1, 2, 1\} \qquad \{1, 2, 3, 2, 1\}$$

の2個となる。

演習 13-6　阪神が40試合を終わったところで、35勝5敗で、セリーグの優勝街道を走っている。この時、阪神がつねに貯金のある状態で、ここまで来る確率を求めよ。

解)　これはランダムウォークにおいて、勝ちを+1、負けを-1に対応させると、常に正の領域を通って(0, 0)から(30, 40)に到達する確率である。まず、35勝5敗になる場合の数は、(30, 40)に到達する道の総数であるから

$${}_{40}C_5$$

となる。つぎに、常に正の領域を通って、(30, 40)に達する道の数は

$$\frac{40-10}{40}{}_{40}C_5 = \frac{3}{4}{}_{40}C_5$$

である。よって、常に貯金のある状態で35勝5敗になる確率は

$$p = \frac{\frac{3}{4}{}_{40}C_5}{{}_{40}C_5} = \frac{3}{4} = 0.75$$

となる。

いまの取り扱いでは、原点$(0,0)$からスタートして$(n-2k, n)$ $(n-2k>0)$ に至る道の中で、つねに正の領域を通る道の数を求めたが、まったく同様にして、原点から出発して負の領域を通りながら、この終点とちょうどt軸に関して鏡像の位置にある$(2k-n, n)$ $(2k-n<0)$に至る道の数もまったく同じ数となる。

これは、t軸にそって反転させれば、同じことになるので自明である。これを**双対原理** (duality principle) と呼んでいる[2]。

13.4. 原点復帰

ランダムウォークの道の経路として $\{x(1), x(2), x(3), \cdots, x(n)\}$ を考える。ここでε_iを各ステップの移動とすると

$$x(i) = \varepsilon_1 + \varepsilon_2 + \cdots + \varepsilon_i \qquad x(i) - x(i-1) = \varepsilon_i = \pm 1$$

となる。例えば、先ほどの演習13-5の道

$$\{1, 2, 1, 2, 1\} \qquad \{1, 2, 3, 2, 1\}$$

はそれぞれ

$$x(5) = \varepsilon_1 + \varepsilon_2 + \varepsilon_3 + \varepsilon_4 + \varepsilon_5 = +1+1-1+1-1 = 1$$
$$x(5) = \varepsilon_1 + \varepsilon_2 + \varepsilon_3 + \varepsilon_4 + \varepsilon_5 = +1+1+1-1-1 = 1$$

と書くことができる。

以上を踏まえたうえで、ランダムウォークにおける道に関する確率を考えてみよう。まず、ランダムウォークでは、時刻が偶数か奇数かによって占めることが可能な位置が変化する。また、原点に戻るためには試行回数は必ず偶数でなければならない。そこで、原点$(0, 0)$から出発して$(0, 2m)$に至る道を考える。つまり、$2m$回の試行ののち、原点$x=0$に戻ってくる道である。よって、$+1$がm回、-1がm回ということになる。すると、その道の総数は

$$_{2m}C_m$$

---

[2] あえて原理と呼ぶほど形式ばったものとは思えないが、思わぬところで威力を発揮する定理でもある。

となる。つぎに、原点 (0, 0) から出発して (0, 2m) に至る過程で、条件

$$x(1) > 0, \quad x(2) > 0, \quad x(3) > 0, \cdots, x(2m-1) > 0$$

を満足するものを考えよう。つまり、すべて正の領域だけを通って、$2m$ 回目で初めて原点に戻ってくるという道となる。この経路としては、$2m-1$ 回目で 1 に居る必要がある。よって、原点からスタートして、すべて正の領域を通って $(1, 2m-1)$ に至る道の数である。前節で求めた結果を思い出してみよう。

原点から出発して、常に正の領域を通りながら $(n-2k, n)$ に至る道の数は

$$\frac{n-2k}{n} {}_nC_k$$

である。今の場合

$$n - 2k = 1, \quad n = 2m - 1$$

であるから

$$2k = n - 1 = 2m - 2 \quad \text{より} \quad k = m - 1$$

となる。よって、求める道の数は

$$\frac{n-2k}{n} {}_nC_k = \frac{1}{2m-1} {}_{2m-1}C_{m-1}$$

と与えられる。

これを、さらに変形してみよう。

$$\frac{1}{2m-1} {}_{2m-1}C_{m-1} = \frac{1}{2m-1} \frac{(2m-1)!}{m!(m-1)!} = \frac{1}{m} \frac{(2m-2)!}{(m-1)!(m-1)!} = \frac{1}{m} {}_{2m-2}C_{m-1}$$

となる。ところで、この道は、原点から正の領域へ放たれてから、初めて原点に戻ってくる事象に対応している。つまり、試行 $2m$ 回で、初めて原点に復帰する事象となる。

演習 13-7 ランダムウォークにて、10 回目の試行で初めて原点に復帰する道の数を求めよ。

解） $2m$ 回で原点に復帰する道の数は

$$\frac{1}{m}{}_{2m-2}C_{m-1}$$

で与えられるから、10回目で原点に復帰する道の数は

$$\frac{1}{5}{}_8C_4 = \frac{1}{5}\frac{8\times 7\times 6\times 5}{4\times 3\times 2} = 14$$

となる。

ただし、これは正の領域しか考えていない。10回の試行には負の領域にずっと居て、初めて原点に復帰するというケースもある。双対原理により、事象の数は、まったく同じとなるので、求める道の数は 28 通りとなる。

つぎに、原点$(0, 0)$から$(0, 2m)$に至る道で

$$x(1) \geq 0, \quad x(2) \geq 0, \quad x(3) \geq 0, \cdots, x(2m-1) \geq 0$$

という条件を満足する道の数を考えてみよう。この場合は、原点に戻ってもよいという場合である。

この道の数を求める下準備として、点$(1, 1)$と点$(1, 2m-1)$を結ぶ線を考えてみる。$2m$回目で初めて原点に復帰する道の数は、t軸とは接する事はないが、この線（$x(t) = 1$）に接するか、あるいは、それよりも上を通るすべての道の数である。そこで、これを新たなt軸と考え、左に1だけずらす。すると、これは$(0, 0)$から$(0, 2m-2)$に至る道の中で、t軸に接するか、それよりも上の領域を通る道の数である。つまり原点に戻ってもよい道の数となる。よってその総数は

$$\boxed{\frac{1}{m}{}_{2m-2}C_{m-1}}$$

ということになる。いま、求めたいのは、$(0, 0)$から$(0, 2m)$に至る道の総数であるから、上の式で

$$2m - 2 \to 2m$$

という置き換えを行う。すると

$$\frac{1}{m+1} {}_{2m}C_m$$

が求める道の数となる。

言うまでもないが、以上の考えは、双対原理 (duality principle) によって、負の領域についてもまったく同じことが言える。つまり、原点 $(0, 0)$ から $(0, 2m)$ に至る経路で

$$x(1) < 0, \quad x(2) < 0, \quad x(3) < 0, \cdots, x(2m-1) < 0$$

という条件を満足する道の数は

$$\frac{1}{m} {}_{2m-2}C_{m-1}$$

また

$$x(1) \leq 0, \quad x(2) \leq 0, \quad x(3) \leq 0, \cdots, x(2m-1) \leq 0$$

という条件を満足する道の数は

$$\frac{1}{m+1} {}_{2m}C_m$$

ということになる。

13.5. ランダムウォークの確率

それでは、$2n$ 回のランダムウォークの試行を考えてみよう。すると、全事象は、すべての試行に対して ± 1 の 2 通りが対応するので、全部で

$$2^{2n}$$

通りの道があることになる。

そこで、いくつかの確率を考えてみよう。$2n$ 回の試行ののちに、$(0, 2n)$

の位置に来る確率をまず考えよう。これは、何度か見てきたように、+1 が n 回、-1 が n 回出る場合の数であるから

$$_{2n}C_n$$

通りとなる。よって、その確率は

$$p(x(n)=0) = \frac{_{2n}C_n}{2^{2n}} = \frac{1}{2^{2n}} {_{2n}C_n}$$

で与えられる。これを、後の展開のために u_{2n} と置く。

$$u_{2n} = \frac{1}{2^{2n}} {_{2n}C_n}$$

ここで、確認の意味で、具体的な数値を代入してみよう。すると

$$u_0 = 1 \qquad u_2 = \frac{1}{2^2} {_2C_1} = \frac{2}{4} = \frac{1}{2} \qquad u_4 = \frac{1}{2^4} {_4C_2} = \frac{1}{16} \frac{4 \times 3}{2} = \frac{3}{8}$$

となる。確かに、最初は原点にいるので、その確率は 1 である。つぎに、2 回の試行では、全事象は $\{+1, +1\}\{+1, -1\}\{-1, +1\}\{-1, -1\}$ の 4 通りであるが、そのうち $x(2) = 0$ に居る事象は $\{+1, -1\}\{-1, +1\}$ の 2 つであるので、その確率は 1/2 となる。

演習 13-8 ランダムウォークの 4 回の試行において、$x(4) = 0$ に居る確率を 2 項分布を利用して求めよ。

解) 時刻 4 で $x(4) = 0$ に居る確率は、2 項分布の公式を使うと

$$_4C_2 \left(\frac{1}{2}\right)^2 \left(\frac{1}{2}\right)^2 = \frac{4 \times 3}{2} \times \frac{1}{16} = \frac{3}{8}$$

となる。
確かに u_{2n} の公式を使って求めたものと同じ結果が得られる。

演習 13-9 ランダムウォークにおいて時刻 $2n$ に $x(2n) = 0$ に居る確率を 2 項分布の公式を使って求めよ。

解) この場合、それぞれ確率が 1/2 で +1 が n 回、-1 が n 回の試行であるから

$$ {}_{2n}C_n \left(\frac{1}{2}\right)^n \left(\frac{1}{2}\right)^n = {}_{2n}C_n \left(\frac{1}{2}\right)^{2n} = \frac{1}{2^{2n}} {}_{2n}C_n $$

となる。

時刻 $2n$ に原点 $x(2n) = 0$ に居る確率ならば、この演習のように、2 項分布の考えを適用すれば、簡単に求めることができる。

いまの場合は、それまでの経路を限定せずに、時刻 $2n$ に原点 $x(2n) = 0$ に居る確率を求めたが、時刻 $2n$ に初めて原点に復帰する事象の確率は、どうなるであろうか。この事象の場合の数は、前節で求めたように

$$ \frac{1}{n} {}_{2n-2}C_{n-1} $$

で与えられる。よって、正の領域だけ通って、$2n$ 回目で原点に戻る確率は

$$ p(x(1) > 0, x(2) > 0, x(3) > 0, \cdots, x(2n-1) > 0, x(2n) = 0) = \frac{1}{2^{2n}} \frac{1}{n} {}_{2n-2}C_{n-1} $$

ただし、これは正の領域だけの場合であって、事象としては、負の領域の場合もある。つまり

$$ p(x(1) < 0, x(2) < 0, x(3) < 0, \cdots, x(2n-1) < 0, x(2n) = 0) = \frac{1}{2^{2n}} \frac{1}{n} {}_{2n-2}C_{n-1} $$

であるので、求める確率は

$$ p = \frac{1}{2^{2n}} \frac{2}{n} {}_{2n-2}C_{n-1} $$

となる。これを f_{2n} と置いて変形する。すると

$$f_{2n} = \frac{1}{2^{2n}}\frac{2}{n}{}_{2n-2}C_{n-1} = \frac{1}{2n}\frac{1}{2^{2n-2}}{}_{2n-2}C_{n-1}$$

となる。ここで、先ほど求めた u_{2n} を使う。u_{2n} は

$$u_{2n} = \frac{1}{2^{2n}}{}_{2n}C_n$$

であったから

$$u_{2n-2} = \frac{1}{2^{2n-2}}{}_{2n-2}C_{n-1}$$

となる。よって

$$f_{2n} = \frac{1}{2n}\frac{1}{2^{2n-2}}{}_{2n-2}C_{n-1} = \frac{1}{2n}u_{2n-2}$$

と書くことができる。f_{2n} は

$$f_{2n} = p\bigl(x(1) \neq 0, x(2) \neq 0, x(3) \neq 0, \cdots, x(2n-1) \neq 0, x(2n) = 0\bigr)$$

と表記することができる。

演習 13-10 ランダムウォークにおいて、8回目で初めて原点に復帰する確率を求めよ。

解) 式 $f_{2n} = \frac{1}{2n}u_{2n-2}$ を使うと、その確率は

$$f_8 = \frac{1}{8}u_6$$

となり $u_{2n} = \frac{1}{2^{2n}}{}_{2n}C_n$ から

$$u_6 = \frac{1}{2^6}{}_6C_3 = \frac{1}{2^6}\frac{6\times 5\times 4}{3\times 2} = \frac{5}{16}$$

であるので、求める確率は

$$f_8 = \frac{1}{8}u_6 = \frac{5}{8 \times 16} \cong 0.039$$

となる。

演習 13-11 $f_{2n} = u_{2n-2} - u_{2n}$ という関係にあることを確かめよ。

解） $f_{2n} = \frac{1}{2n}u_{2n-2}$ であり $u_{2n} = \frac{1}{2^{2n}}{}_{2n}C_n$ である。ここで

$$u_{2n-2} = \frac{1}{2^{2n-2}}{}_{2n-2}C_{n-1}$$

であるから

$$u_{2n} = \frac{1}{2^{2n}}{}_{2n}C_n = \frac{1}{2^2 2^{2n-2}} \frac{2n!}{n!n!} = \frac{1}{2^2}\frac{2n(2n-1)}{n^2}\frac{1}{2^{2n-2}}\frac{(2n-2)!}{(n-1)!(n-1)!} = \frac{2n-1}{2n}u_{2n-2}$$

と変形できる。よって

$$u_{2n-2} - u_{2n} = u_{2n-2} - \frac{2n-1}{2n}u_{2n-2} = \frac{2n-2n+1}{2n}u_{2n-2} = \frac{1}{2n}u_{2n-2}$$

この右辺は f_{2n} そのものである。したがって

$$f_{2n} = u_{2n-2} - u_{2n}$$

という関係が成立する。

ここで再確認してみよう。

f_{2n} は、$2n$ 回目の試行で、初めて原点に復帰する確率である
u_{2n} は、それまでの経緯に関係なく $2n$ 回目に原点に居る確率である

これら確率の間に、$f_{2n} = u_{2n-2} - u_{2n}$ という関係が成立する事実は、以後の

展開に非常に重要になる。

> **演習 13-12** ランダムウォークにおいて、$2n-1$ 回目に初めて負の領域に入る確率を求めよ。

解) $2n-1$ 回目に初めて負の領域に入るということは、$2n-2$ 回目までは、正の領域または原点にいて、$x(2n-2)=0$ であり、その次の試行は -1 である。つまり

$$x(0)=0,\ x(1)=1,\ x(2)\geq 0,\ x(3)\geq 0,\cdots,\ x(2n-2)=0,\ x(2n-1)=-1$$

となる。前節で、求めたように、$2n$ 回の試行で t 軸に接するか、あるいは t 軸よりも上の領域を通って $(0, 2n)$ に至る道の数は

$$\frac{1}{n+1}{}_{2n}C_n$$

であった。いまの場合、$2n-2$ 回までであるので、その道の数は

$$\frac{1}{n}{}_{2n-2}C_{n-1}$$

となる。$2n-2$ 回の試行でとり得る道の総数は 2^{2n-2} であるから、$(0, 0)$ から $(0, 2n-2)$ に至る道の中で、非負の領域を通る確率は

$$\frac{1}{2^{2n-2}}\frac{1}{n}{}_{2n-2}C_{n-1}$$

と与えられる。$2n-1$ 回で負になるためには、つぎの道は ± 1 のうち -1 しかないので、求める確率は

$$p=\frac{1}{2}\frac{1}{2^{2n-2}}\frac{1}{n}{}_{2n-2}C_{n-1}$$

となる。これを変形すると

$$p=\frac{1}{2}\frac{1}{2^{2n-2}}\frac{1}{n}{}_{2n-2}C_{n-1}=\frac{1}{2^{2n}}\frac{2}{n}{}_{2n-2}C_{n-1}$$

となるが、これは、まさにf_{2n}そのものである。よって

$$f_{2n} = p(x(1) \geq 0, x(2) \geq 0, x(3) \geq 0, \cdots, x(2n-2) \geq 0, x(2n-1) < 0)$$

と書くことができる。

演習 13-13 ランダムウォークにおいて、$2n$ 回目まで原点に戻らない確率を求めよ。

解） この確率は、余事象で考えてみよう。$2n$ 回目まで、原点に戻らない確率は、全事象から

　　　　2 回目で初めて原点に戻る確率
　　　　4 回目で初めて原点に戻る確率
　　　　　　　　　$\cdots$
　　　　$2n-2$ 回目で初めて原点に戻る確率
　　　　$2n$ 回目で初めて原点に戻る確率

を引けばよいことになる。
　つまり

$$p(x(1) \neq 0, x(2) \neq 0, \cdots x(2n) \neq 0) = 1 - f_2 - f_4 - f_6 - \cdots - f_{2n-2} - f_{2n}$$

となる。ここで、先ほど求めた漸化式

$$f_{2n} = u_{2n-2} - u_{2n}$$

を利用する。すると

$$p = 1 - (u_0 - u_2) - (u_2 - u_4) - \cdots - (u_{2n-4} - u_{2n-2}) - (u_{2n-2} - u_{2n})$$

となり、互いに相殺されて、最終的には

$$p = 1 - u_0 + u_{2n}$$

となる。ここで $u_0 = 1$ であるから、結局、求める確率は

$$p = u_{2n}$$

となる。

よって、u_{2n} という確率は、もともとは途中経過に関係なく、$2n$ 回目に 0 に居る確率、すなわち

$$u_{2n} = p(x(2n) = 0)$$

であったが

$$u_{2n} = p(x(1) \neq 0, x(2) \neq 0, x(3) \neq 0, ..., x(2n-1) \neq 0, x(2n) \neq 0)$$

のように、$2n$ 回目まで原点に復帰しない確率にも対応していることが分かる。

前後が逆転してしまったが、ここで改めて漸化式

$$f_{2n} = u_{2n-2} - u_{2n}$$

の意味を考えてみよう。

いま求めた関係から u_{2n-2} は、$2n-2$ 回目まで原点に復帰しない確率でもある。$2n$ 回の試行では、この後、さらに 2 回の試行があるが、この試行で原点に復帰する可能性もあるし、復帰しない場合もある。

ところで、u_{2n} は、$2n$ 回目まで原点に復帰しない確率であるから、u_{2n-2} から u_{2n} を引くという操作は

($2n-2$ 回目まで原点に復帰しない確率)
－ ($2n$ 回目まで原点に復帰しない確率)

ということになって、結局 $2n$ 回目に原点に復帰する確率 f_{2n} を与えることになる。

演習 13-14 ランダムウォークにおいて、$2n$ 回目まで負の領域に入らない確率を求めよ。

解) この確率も、余事象で考えてみよう。$2n$ 回目まで、負の領域に入

らない確率は、全事象から

$$1\text{回目で初めて}1\text{になる確率}$$
$$3\text{回目で初めて}1\text{になる確率}$$
$$\cdots$$
$$2n-3\text{回目で初めて}1\text{になる確率}$$
$$2n-1\text{回目で初めて}1\text{になる確率}$$

を引けばよいことになる。演習 13-12 で求めたように、$2n-1$ 回目に初めて負の領域に入る確率は f_{2n} であった。よって、求める確率は

$$p = 1 - f_2 - f_4 - f_6 - \cdots - f_{2n-2} - f_{2n}$$

となる。演習 13-13 と全く同様に、求める確率は

$$p = u_{2n}$$

となる。

よって、u_{2n} という確率は

$$u_{2n} = p(x(n) = 0)$$
$$= p(x(1) \neq 0, x(2) \neq 0, x(3) \neq 0, \cdots, x(2n-1) \neq 0, x(2n) \neq 0)$$

という事象に対応していたが

$$u_{2n} = p(x(1) \geq 0, x(2) \geq 0, x(3) \geq 0, \cdots, x(2n-1) \geq 0, x(2n) \geq 0)$$

のように、$2n$ 回目まで負の領域に入らない確率にも対応していることが分かる。

演習 13-15 ランダムウォークにおいて

$$u_{2n} = \sum_{r=1}^{n} f_{2r} u_{2n-2r}$$

という関係が成立することを示せ。

解） この式は

$$u_{2n} = f_2 u_{2n-2} + f_4 u_{2n-4} + f_6 u_{2n-6} + \cdots + f_{2n-2} u_2 + f_{2n} u_0$$

と書くことができる。まず、u_{2n} という確率は、それまでの経緯に関係なく $2n$ 回目に原点に位置する（$x(2n) = 0$）確率である。

よって、u_{2n-2} は、$x(2n-2) = 0$ となる確率である。ここで f_2 は2回の試行で原点に復帰する確率であるから、$f_2 u_{2n-2}$ は、$2n-2$ 回目にそれまでの経緯に関係なく原点にいて、それからの2回の試行で再び原点に戻る確率となる。

つぎに、$f_4 u_{2n-4}$ は、$2n-4$ 回目に原点にいて、それから4回の試行で再び原点に戻る確率となる。この時、f_4 は4回の試行で初めて原点に復帰する確率であるから、$x(2n-2) = 0$ を通らない確率となっている。つまり、$x(2n-4) = 0$ にいて、$x(2n-2) = 0$ を通らないで $x(2n) = 0$ に至る確率となっている。

以下同様にして、$f_6 u_{2n-6}$ は、$2n-6$ 回目に原点にいて、それから6回の試行で再び原点に戻る確率となる。つまり、$x(2n-6) = 0$ にいて、$x(2n-4) = 0$ および $x(2n-2) = 0$ を通らないで $x(2n) = 0$ に至る確率となっている。

この過程を順々に、遡っていけば、これらの和は途中経過に関係なく $x(2n) = 0$ にいる確率を与えることが分かる。

13.6. 逆正弦法則

いよいよランダムウォークの分布について考えてみよう。まず、$2n$ 回のランダムウォークの試行において、正の領域に $2k$ 単位時間[3]、負の領域に $2n-2k$ 単位時間過ごす確率を

---

[3] 正の領域にいる時間は必ず偶数時間となる。

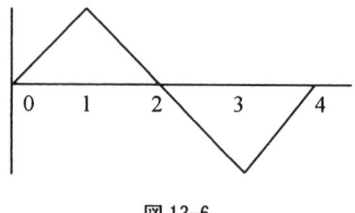

図 13-6

$$p_{2k,2n}$$

と書くと、この確率は

$$p_{2k,2n} = u_{2k}u_{2n-2k}$$

で与えられる。ここで、この意味を図 13-6 で確認してみよう。

この図は、$2n = 4, 2k = 2$ に対応する。確かに、正の領域で過ごす時間が 2 単位時間、負の領域で過ごす時間が 2 単位時間となっている。

ここで、$2k = 2n$ の場合を考えてみよう。すると、これは $2n$ 回まで正の領域に居る確率である。今の式では

$$p_{2n,2n} = u_{2n}u_{2n-2n} = u_{2n}u_0 = u_{2n}$$

となるが、すでに紹介したように u_{2n} は $2n$ 回目まで負の領域に入らない確率であったので、この関係が成立していることが分かる。

つぎに、$2k = 0$ の場合を考えてみよう。すると、これは $2n$ 回まで負の領域に居る確率である。よって

$$p_{0,2n} = u_0 u_{2n} = u_{2n}$$

となり、$2k = 2n$ の場合と同じ確率になる。正の領域だけ、あるいは負の領域だけにいる道の数は、t 軸に関して対称で同じ数だけあるから、双対原理によって同じ確率になることは明らかである。

それでは、上の公式が両端で成立することが分かったので、一般の場合にも成立することを確かめてみる。つまり

$$2 \leq 2k \leq 2n-2 \quad (あるいは 1 \leq k \leq n-1)$$

の場合にも、上記の関係式が成立することを示せばよい。k がこの範囲にある場合には、必ず t 軸を横切ることになる。

例えば、$2k = 2$ の場合には、$x(0) = 0, x(1) = 1, x(2) = 0$ を経て、$x(3) = -1$ と負の領域に入り、残りの時間はすべて負の領域で過ごす場合が考えられる。この場合、最初の 2 単位時間は正の領域で、残り $2n-2$ 時間は負の領域にいることになる。

あるいは、この正の領域を順次 2 単位時間ずつ右へずらしていけば、それが正の領域で 2 単位時間過ごす事象となる。ただし、残りは負の領域に必ず居ると言う条件がついている。

演習 13-16 $2k = 2$ の場合に

$$p_{2k,2n} = u_{2k}u_{2n-2k}$$

という関係が成立することを証明せよ。

解) $k = 1$ の場合

$$p_{2,2n} = u_2 u_{2n-2}$$

となる。ここで、u_{2n-2} は $2n-2$ 単位時間負の領域（あるいは正の領域）に入らない確率である。同様に u_2 は 2 単位時間負の領域（あるいは正の領域）に入らない確率である。すると

$$p_{2,2n} = u_2 u_{2n-2}$$

ここで

$p_{2,2n}$ = (2 単位時間負の領域に入らない確率)

　　　　× ($2n-2$ 単位時間正の領域に入らない確率)

であるから、これは $2n$ 回の試行において、2 単位時間だけ正の領域で過ごし、残りを負の領域で過ごす確率となる。

演習 13-17 $2n = 6$ の場合に、正の領域で $2k$ 単位時間、負の領域で $6-2k$ 単位時間過ごす確率を求めよ。

解） $2k = 2$ の場合は、つぎのような道のパターンが考えられる。

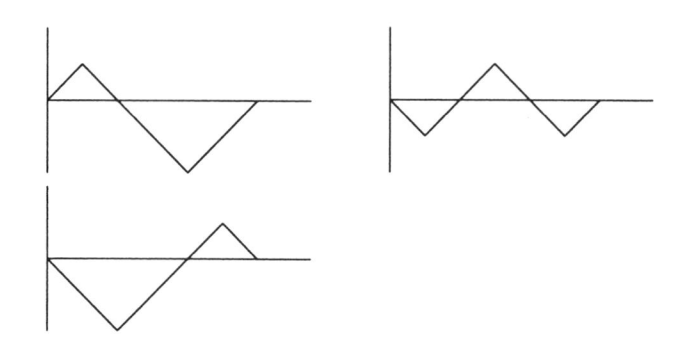

つまり、最初の2単位時間が正の領域、中心の2単位時間が正の領域、右端の2単位時間が正の領域に居るケースである。

それぞれの事象の数をまず数えてみよう。

① **最初の2単位時間が正の領域**

$x(3)$ までは固定されており、残りの道は6通りあるので、その数は6個となる。

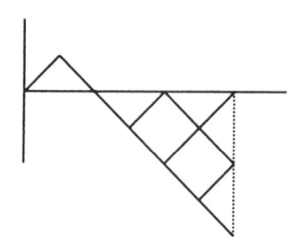

② **中心の2単位時間が正の領域**

これは $x(5)$ までは固定されており、$x(6)$ は 0 か -2 の 2 通りであるので、その道の数は2個となる。

③ 右端の2単位時間が正の領域

$x(4)$ に至る道は2通りあり、それ以降の道は $x(5)$ は1しか取れないが、$x(6)$ は0か2の2通りであるので、その道の数は4個となる。

よって、条件を満足する事象の総数は12通りとなる。ところで、6回の試行の道の総数は 2^6 であるから、求める確率は

$$\frac{12}{2^6} = \frac{3}{16}$$

となる。

$2k = 4$ の場合は、双対原理によって $2k = 2$ の場合とまったく同じ確率となる。つぎに、$2k = 6$ あるいは $2k = 0$ の場合には、ずっと正の領域あるいは負の領域に居つづける確率であるので

$$u_6 = \frac{1}{2^6} {}_6C_3 = \frac{1}{2^6} \times \frac{6 \times 5 \times 4}{3 \times 2} = \frac{5}{16}$$

となる。

つぎに、今の演習問題を公式を利用して計算してみよう。まず $2k = 2$ の場合は

$$p_{2,6} = u_2 u_4 = \frac{1}{2^2} {}_2C_1 \times \frac{1}{2^4} {}_4C_2 = \frac{1}{4} \times 2 \times \frac{1}{16} \times \frac{4 \times 3}{2} = \frac{3}{16}$$

となって、確かに同じ答えが得られる。他の場合も同様である。

つぎに $2k = 2$ の場合の式を次のように変形してみよう。

$$p_{2,6} = u_2 u_4 = \frac{{}_2C_1 \times {}_4C_2}{2^6}$$

ここで、分母は、6回の試行で可能な道の総数である。すると、分子は正の領域に2単位時間、負の領域に4単位時間過ごす道の数ということになる。

以上を踏まえて、一般化を行ってみよう。その証明のためには、数学的帰納法を利用する。いま

$$p_{2k,2n} = u_{2k}u_{2n-2k}$$

という関係が $2n-2$ 回の試行に対して成立しているものと仮定しよう。つまり

$$p_{2k,2n-2} = u_{2k}u_{2n-2k-2}$$

が成立しているものとして、$2n$ 回の試行にも同様の関係が成立することを示せば良い。

そこで、正の領域に居る時間のトータルが $2k$ 時間とする。そして、最初に $2r$ 単位時間だけ正の領域にいるとする。すると、$2r$ は最初に原点に復帰する時間である。残りは、$2n-2r$ 時間あるが、当然、この中で $2k-2r$ 単位時間が正の領域にいる時間である。

① $2r$ 時間 正   残り $(2n-2r)$ 時間の内 $(2k-2r)$ 時間が正

もうひとつは、最初に $2r$ 単位時間だけ負の領域にいるとする。つまり、$2r$ は最初に原点に復帰する時間である。残りは、$2n-2r$ 時間あるが、当然、この中で $2k$ 単位時間が正の領域にいる時間である。

② $2r$ 時間 負   残り $(2n-2r)$ 時間の内 $2k$ 時間が正

という 2 つの場合に分けられる。ここで $2r$ の取り得る範囲は、それぞれにおいて

       ① $2 \leq 2r \leq 2k$ ② $2 \leq 2r \leq 2n-2k$

となる。

そこで、まず、①の場合について考えてみよう。$2r$ 回目で初めて原点復帰する確率は、何度も見てきたように f_{2r} で与えられる。①の場合は、正の領域だけを通って、$2r$ 回目で原点に復帰する場合であるので、その確率は $(1/2)f_{2r}$ となる。つぎに、残り $(2n-2r)$ 時間の内 $(2k-2r)$ 時間が正の領域に居る確率は、

$$p_{2k-2r,2n-2r} = u_{2k-2r}u_{2n-2k}$$

で与えられる。よって、その確率は

$$\frac{1}{2}f_{2r}p_{2k-2r,2n-2r} = \frac{1}{2}f_{2r}u_{2k-2r}u_{2n-2k}$$

と与えられる。ただし、実際には、$2r$ は 2 から $2k$ $(1 \leq r \leq k)$ まで変化するので、①の起こる確率は和をとって

$$\sum_{r=1}^{k}\frac{1}{2}f_{2r}u_{2k-2r}u_{2n-2k} = \frac{1}{2}u_{2n-2k}\sum_{r=1}^{k}f_{2r}u_{2k-2r}$$

となる。

つぎに②の場合の確率を考えてみよう。まず、負の領域に居て $2r$ で原点に復帰する確率は $(1/2)f_{2r}$ となる。つぎに、残り $(2n-2r)$ 時間の内 $2k$ 時間だけ正の領域に居る確率は、

$$p_{2k,2n-2r} = u_{2k}u_{2n-2k-2r}$$

で与えられる。よって、その確率は

$$\frac{1}{2}f_{2r}p_{2k,2n-2r} = \frac{1}{2}f_{2r}u_{2k}u_{2n-2k-2r}$$

と与えられる。ただし、実際には、$2r$ は 2 から $2n-2k$ $(1 \leq r \leq n-k)$ まで変化するので、②の起こる確率は和をとって

$$\sum_{r=1}^{n-k}\frac{1}{2}f_{2r}u_{2k}u_{2n-2k-2r} = \frac{1}{2}u_{2k}\sum_{r=1}^{n-k}f_{2r}u_{2n-2k-2r}$$

となる。

求める確率は、これら 2 つのケースを足し合わせればよいので

$$p_{2k,2n} = \frac{1}{2}u_{2n-2k}\sum_{r=1}^{k}f_{2r}u_{2k-2r} + \frac{1}{2}u_{2k}\sum_{r=1}^{n-k}f_{2r}u_{2n-2k-2r}$$

と与えられる。ここで

$$\sum_{r=1}^{k}f_{2r}u_{2k-2r}$$

という和を考えてみよう。

この和は、すでに演習 13-15 で見たように

であった。同様にして

$$\sum_{r=1}^{k} f_{2r} u_{2k-2r} = u_{2k}$$

であった。同様にして

$$\sum_{r=1}^{n-k} f_{2r} u_{2n-2k-2r} = u_{2n-2k}$$

となるので

$$p_{2k,2n} = \frac{1}{2} u_{2n-2k} u_{2k} + \frac{1}{2} u_{2k} u_{2n-2k} = u_{2k} u_{2n-2k}$$

となることが分かる。ここで $0 \leq 2k \leq 2n$ であり、すべての和をとれば全事象になるから 1 となるはずである。つまり

$$p_{0,2n} + p_{2,2n} + p_{4,2n} + \ldots + p_{2n-2,2n} + p_{2n,2n} = 1$$

という関係にある。

演習 13-18 ランダムウォークにおいて 20 回の試行を行ったとき、10 単位時間および 20 単位時間正の領域に居る確率を求めよ。

解) $2n$ 回の試行を行って、$2k$ 単位時間正の領域に居る確率は

$$p_{2k,2n} = u_{2k} u_{2n-2k}$$

で与えられる。よって、20 回の試行で 10 単位時間、正の領域に居る確率は

$$p_{10,20} = u_{10} u_{10} = \left\{ \frac{1}{2^{10}} {}_{10}C_5 \right\}^2 = \left\{ \frac{1}{2^{10}} \frac{10 \times 9 \times 8 \times 7 \times 6}{5 \times 4 \times 3 \times 2} \right\}^2 \cong 0.0606$$

となる。

つぎに 20 回の試行で 20 単位時間、正の領域に居る確率は

$$p_{20,20} = u_{20} u_0 = \frac{1}{2^{20}} {}_{20}C_{10} = \frac{1}{2^{20}} \frac{20 \times 19 \times 18 \times 17 \times 16 \times 15 \times 14 \times 13 \times 12 \times 11}{10 \times 9 \times 8 \times 7 \times 6 \times 5 \times 4 \times 3 \times 2} \cong 0.176$$

となる。

ここで、この演習問題の意味を考えてみよう。20回の試行で10単位時間正の領域にいるということは、ちょうど正負の領域を行ったり来たりする事象である。これに対し、20単位時間正の領域にいるということは、常に正の領域に居つづける事象である。

これら事象の確率を比べると、何と正の領域に居つづける確率の方がずっと大きいのである。しかも、負の領域に居つづける確率も0.176であるから、確率1/2の勝負では、勝ちつづけるか負けつづける確率が0.352で、勝ったり負けたりしてトータルの勝ち負けが0となる確率0.0606よりもはるかに高いということを示している。確かに、賭け事では不思議と勝ちつづけたり、負けつづけたりすることがあるが、ランダムウォークによれば、それが当たり前なのである。よって、負けがこんだと思ったら、直ちに賭け事を止めるのが懸命ということになる。

これで、ようやくランダムウォークにおける確率分布を求める準備が整った。いま

$$u_{2n} = \frac{1}{2^{2n}} {}_{2n}C_n = \frac{(2n)!}{2^{2n} n! n!}$$

であるが、スターリング近似（**補遺3参照**）を利用する。この近似では、nが大きい時は

$$n! \cong \sqrt{2\pi n} \, n^n e^{-n}$$

と置くことができる。すると

$$u_{2n} = \frac{(2n)!}{2^{2n} n! n!} \cong \frac{\sqrt{2\pi(2n)}(2n)^{2n}\exp(-2n)}{2^{2n}(2\pi n) n^{2n} \exp(-2n)} = \frac{1}{\sqrt{n\pi}}$$

と簡単なかたちになる。同様にして

$$u_{2n-2k} \cong \frac{1}{\sqrt{(n-k)\pi}}$$

と近似できる。よって

$$p_{2k,2n} = u_{2k} u_{2n-2k} \cong \frac{1}{\sqrt{k\pi}} \frac{1}{\sqrt{(n-k)\pi}} = \frac{1}{\pi\sqrt{k(n-k)}}$$

となる。さて、ここで

$$x = \frac{2k}{2n}\left(=\frac{k}{n}\right)$$

という変数変換をしてみる。すると変数 x は、$2n$ という試行（道）の中で、正の領域にいる割合となる。すると

$$p_{2k,2n} \cong \frac{1}{\pi\sqrt{k(n-k)}} = \frac{1}{n\pi\sqrt{\frac{k}{n}(1-\frac{k}{n})}} = \frac{1}{n\pi\sqrt{x(1-x)}}$$

と変形できる。ここで、左辺は $2n$ の道の中で $2k$ 単位時間だけ正の領域に居る確率であるが、$2k$ がある範囲、例えば $0 \leq 2k \leq 2m$ (dk) にある確率は

$$\sum_{k=0}^{m} p_{2k,2n}$$

という和で与えられることになる。ここで、右辺を x の連続関数で近似した場合

$$\int_0^m \frac{1}{n\pi\sqrt{\frac{k}{n}\left(1-\frac{k}{n}\right)}} dk$$

において

$$x = \frac{k}{n} \quad \text{より} \quad dx = \frac{dk}{n}$$

という変数変換となるから

$$\sum_{k=0}^{m} p_{2k,2n} = \int_0^{\frac{m}{n}} \frac{1}{\pi\sqrt{x(1-x)}} dx$$

という積分で近似できることになる。さらに

$$\sum_{k=0}^{n} p_{2k,2n} = \int_0^1 \frac{1}{\pi\sqrt{x(1-x)}} dx = 1$$

という条件を満足することになる。つまり

$$p(x) = \frac{1}{\pi\sqrt{x(1-x)}}$$

と置くと、この関数はランダムウォークの確率密度関数となっている。

演習 13-19 つぎの定積分の値を計算せよ。

$$\int_0^1 \frac{1}{\pi\sqrt{x(1-x)}} dx$$

解） x の定義域が 0 から 1 の正の範囲にあるから

$$x = \sin^2\theta$$

と置く。すると

$$dx = 2\sin\theta\cos\theta\, d\theta$$

となり、積分範囲は

$$0 \leq x \leq 1 \quad \rightarrow \quad 0 \leq \theta \leq \frac{\pi}{2}$$

と変化する。よって

$$\int_0^1 \frac{1}{\pi\sqrt{x(1-x)}} dx = \frac{1}{\pi}\int_0^{\pi/2} \frac{2\sin\theta\cos\theta}{\sqrt{\sin^2\theta\cos^2\theta}} d\theta = \frac{1}{\pi}\int_0^{\pi/2} 2\, d\theta = \frac{1}{\pi}\Big[2\theta\Big]_0^{\pi/2} = 1$$

となって、その値は 1 となる。

ここで、つぎの積分

$$\int_0^\alpha p(x)\, dx = \int_0^\alpha \frac{1}{\pi\sqrt{x(1-x)}} dx$$

は、x が $0 \leq x \leq \alpha$ の範囲にある確率に相当する。これを計算するために

$$x = \sin^2\theta$$

という置き換えをすると

$$\alpha = \sin^2 \theta$$

から

$$\theta = \sin^{-1} \sqrt{\alpha}$$

となる。よって

$$\int_0^\alpha \frac{1}{\pi\sqrt{x(1-x)}}dx = \frac{1}{\pi}\int_0^{\sin^{-1}\sqrt{\alpha}} 2d\theta = \frac{2}{\pi}\sin^{-1}\sqrt{\alpha}$$

となる。このように、確率が**逆正弦** (inverse sine) になることから、ランダムウォークの確率分布は逆正弦の法則に従うと呼んでいる。

13.7. 非対称なランダムウォーク

いままで取り扱ってきたランダムウォークでは、左右や東西南北の移動確率が同じであったが、それが違う場合も当然考えられる。このようなランダムウォークを**非対称ランダムウォーク** (assymmetric random walk) と呼んでいる。ただし、この場合も 2 項分布を利用することで分布を解析することができる。

演習 13-20 原点を起点とする 1 次元ランダムウォークにおいて、1 分間で確率 2/3 で＋1 だけ、また確率 1/3 で－1 だけ移動するものとする。10 分後に、目盛 6 の位置にいる確率を求めよ。

解） 目盛 6 に居るのは、＋1 が 8 個、－1 が 2 個の場合である。よって、目盛 6 に居る確率は

$$_{10}C_8 \left(\frac{1}{3}\right)^2 \left(\frac{2}{3}\right)^8 = \frac{10\times 9}{2}\times \frac{2^8}{3^{10}} = \frac{1280}{6561} \cong 0.2$$

となる。

このように、左右に移動する確率が異なる場合でも、2 項分布を利用すれ

ば、簡単に確率を計算することができる。

演習 13-21　原点を起点とする 1 次元ランダムウォークにおいて、1 分間で確率 2/3 で +1 だけ、また確率 1/3 で −1 だけ移動するものとする。10 分後に、目盛 −6 の位置にいる確率を求めよ。

解）　目盛 −6 に居るのは、+1 が 2 個、−1 が 8 個の場合である。よって、目盛 −6 に居る確率は

$$_{10}C_2 \left(\frac{1}{3}\right)^8 \left(\frac{2}{3}\right)^2 = \frac{10 \times 9}{2} \times \frac{2^2}{3^{10}} = \frac{20}{6561} \cong 0.003$$

となる。

このように、非対称なランダムウォークは、基本的には対称なランダムウォークと同じように解析することができる。

第14章　ランダムウォークと拡散

　第13章でランダムウォークについて長々と解説したが、それには理由がある。実は、ランダムウォークは、正規分布の素過程を与えたり、経済学における株の変動の解析など幅広い分野へ波及効果を及ぼしている。このため、現代確率論において重要なテーマとなっているのである。

　本章では、その応用の代表例として物理で重要な拡散方程式とランダムウォークの関係について紹介する。実は、ランダムウォークは条件付確率で示すことができる。前章の酔歩の例で、いま、時刻 $t=4$ で $x(4)=2$ という位置にいるとしよう。すると、時刻 $t=5$ では、$x(5)=1$ および $x(5)=3$ に居る確率は、それぞれ 1/2 である。よって

$$\left(x(5)=1 \mid x(4)=2\right)=\frac{1}{2} \qquad \left(x(5)=3 \mid x(4)=2\right)=\frac{1}{2}$$

と書くことができる。これを一般式で書けば

$$\left(x(t+1)=n-1 \mid x(t)=n\right)=\frac{1}{2} \qquad \left(x(t+1)=n+1 \mid x(t)=n\right)=\frac{1}{2}$$

となる。これを踏まえると、ランダムウォークは、差分方程式で表現することができる。いま、ランダムウォークの粒子の位置を、座標 $u(x(t), t) = u(x, t)$ で表現できるとしよう。すると

$$u(x, t+1) = \frac{1}{2}u(x-1, t) + \frac{1}{2}u(x+1, t)$$

つまり、時刻 t に $x+1$ に居たものの半分と、$x-1$ に居たものの半分が、時刻 $t+1$ に、位置 x を占めるという意味である。これを一般化するために、位置のステップを Δx、時刻のステップを Δt と置いてみる。すると、この差分方程式は

第 14 章　ランダムウォークと拡散

$$u(x, t + \Delta t) = \frac{1}{2}u(x - \Delta x, t) + \frac{1}{2}u(x + \Delta x, t)$$

と一般化することができる。

ここで、初期条件として、時刻 0 に粒子が位置 0 に u_0 個ある状態を考えてみる。つまり

$$u(0, 0) = u_0 > 0, \quad u(x, 0) = 0 \quad (x \neq 0)$$

となる。すると Δt 後は

$$u(\Delta x, \Delta t) = \frac{1}{2}u(\Delta x + \Delta x, \Delta t - \Delta t) + \frac{1}{2}u(\Delta x - \Delta x, \Delta t - \Delta t)$$

$$= \frac{1}{2}u(2\Delta x, 0) + \frac{1}{2}u(0, 0) = 0 + \frac{1}{2}u_0 = \frac{1}{2}u_0$$

$$u(-\Delta x, \Delta t) = \frac{1}{2}u(-\Delta x + \Delta x, \Delta t - \Delta t) + \frac{1}{2}u(-\Delta x - \Delta x, \Delta t - \Delta t)$$

$$= \frac{1}{2}u(0, 0) + \frac{1}{2}u(-2\Delta x, 0) = \frac{1}{2}u_0 + 0 = \frac{1}{2}u_0$$

となる。結局 (Δx, Δt) および ($-\Delta x$, Δt) という座標をそれぞれ (1/2) u_0 個の粒子が占めることになる。つぎには

$$u(2\Delta x, 2\Delta t) = \frac{1}{2}u(2\Delta x - \Delta x, 2\Delta t - \Delta t) + \frac{1}{2}u(2\Delta x + \Delta x, 2\Delta t - \Delta t)$$

$$= \frac{1}{2}u(\Delta x, \Delta t) + \frac{1}{2}u(3\Delta x, \Delta t) = \frac{1}{2}\left(\frac{1}{2}u_0\right) + 0 = \frac{1}{4}u_0$$

$$u(0, 2\Delta t) = \frac{1}{2}u(0 + \Delta x, 2\Delta t - \Delta t) + \frac{1}{2}u(0 - \Delta x, 2\Delta t - \Delta t)$$

$$= \frac{1}{2}u(\Delta x, \Delta t) + \frac{1}{2}u(-\Delta x, \Delta t) = \frac{1}{2}\left(\frac{1}{2}u_0\right) + \frac{1}{2}\left(\frac{1}{2}u_0\right) = \frac{1}{2}u_0$$

$$u(-2\Delta x, 2\Delta t) = \frac{1}{2}u(-2\Delta x + \Delta x, 2\Delta t - \Delta t) + \frac{1}{2}u(-2\Delta x - \Delta x, 2\Delta t - \Delta t)$$

$$= \frac{1}{2}u(-\Delta x, \Delta t) + \frac{1}{2}u(-3\Delta x, \Delta t) = \frac{1}{2}\left(\frac{1}{2}u_0\right) + 0 = \frac{1}{4}u_0$$

第 14 章 ランダムウォークと拡散

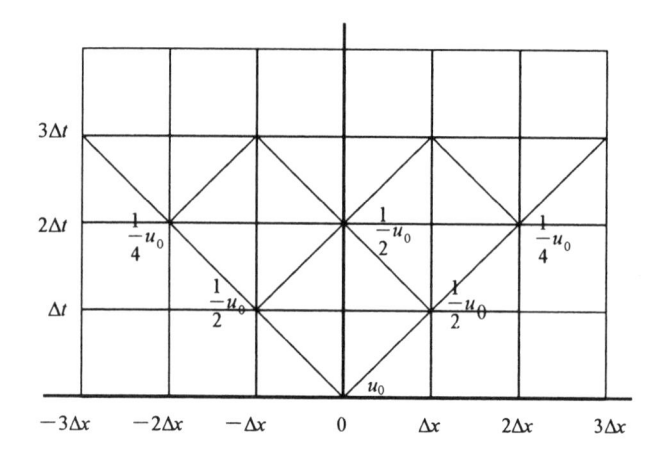

図 14-1

となり、結局 ($2\Delta x, 2\Delta t$) および ($-2\Delta x, 2\Delta t$) という座標をそれぞれ $(1/4) u_0$ 個の粒子、($0, 2\Delta t$) という座標を $(1/2) u_0$ 個の粒子が占めることになる。

以後、順次計算していくと、図 14-1 のようになる。

実際の物理現象においては、x や t は離散的ではなく連続的と考えられる。この場合、Δx と Δt は極限では無限小となる。そこで、テーラー展開の手法（**補遺** 1 参照）を適用する。すると

$$u(x, t + \Delta t) = u(x, t) + \Delta t \frac{\partial u(x, t)}{\partial t} + \frac{1}{2}(\Delta t)^2 \frac{\partial^2 u(x, t)}{\partial t^2} + \cdots$$

$$u(x + \Delta x, t) = u(x, t) + \Delta x \frac{\partial u(x, t)}{\partial x} + \frac{1}{2}(\Delta x)^2 \frac{\partial^2 u(x, t)}{\partial x^2} + \cdots$$

$$u(x - \Delta x, t) = u(x, t) - \Delta x \frac{\partial u(x, t)}{\partial x} + \frac{1}{2}(\Delta x)^2 \frac{\partial^2 u(x, t)}{\partial x^2} - \cdots$$

これを、先ほどの差分方程式

$$u(x, t + \Delta t) = \frac{1}{2} u(x - \Delta x, t) + \frac{1}{2} u(x + \Delta x, t)$$

に代入すると

$$u(x, t) + \Delta t \frac{\partial u(x, t)}{\partial t} + \frac{1}{2}(\Delta t)^2 \frac{\partial^2 u(x, t)}{\partial t^2} + \cdots$$

250

$$= \frac{1}{2}\left(u(x,t) - \Delta x \frac{\partial u(x,t)}{\partial x} + \frac{1}{2}(\Delta x)^2 \frac{\partial^2 u(x,t)}{\partial x^2} - \frac{1}{6}(\Delta x)^3 \frac{\partial^3 u(x,t)}{\partial x^3} + \cdots\right)$$
$$+ \frac{1}{2}\left(u(x,t) + \Delta x \frac{\partial u(x,t)}{\partial x} + \frac{1}{2}(\Delta x)^2 \frac{\partial^2 u(x,t)}{\partial x^2} + \frac{1}{6}(\Delta x)^3 \frac{\partial^3 u(x,t)}{\partial x^3} + \cdots\right)$$

となる。ここでΔxとΔtは極限では無限小であるから、これら高次の項は無視すると

$$\Delta t \frac{\partial u(x,t)}{\partial t} = \frac{1}{2}(\Delta x)^2 \frac{\partial^2 u(x,t)}{\partial x^2}$$

と簡単化できる。これを、さらに変形すると

$$\frac{\partial u(x,t)}{\partial t} = \frac{1}{2}\frac{(\Delta x)^2}{\Delta t}\frac{\partial^2 u(x,t)}{\partial x^2}$$

となるが、ΔxとΔtは、あるランダムウォークにおける単位距離および単位時間であるから、定数となる。つまり、ある拡散において1ステップでどれくらい進めるかという、いわば拡散を特徴づける定数となる。よって、この式は結局

$$\frac{\partial u(x,t)}{\partial t} = D\frac{\partial^2 u(x,t)}{\partial x^2}$$

と書くことができる。ここで、定数Dは**拡散定数** (diffusion constant) と呼ばれている。この偏微分方程式は、有名な**拡散方程式** (diffusion equation) であり、この解は

$$u(x,t) = \frac{1}{2\sqrt{\pi Dt}}\exp\left(-\frac{x^2}{4Dt}\right)$$

と与えられる[1]。

この式でtを固定して、そのxの分布を見ると、分散が$2Dt$の正規分布（ガウス分布）となっている。つまり、ランダムウォークでは、正規分布のかたちを保ちながら、時間とともに広がっていくことになる。これは、すでに12.4節で紹介したことである。

---

[1] 申し訳ないが、この解法については、拙著『なるほどフーリエ解析』を参照されたい。ただし、そこでは、熱伝導方程式の解として紹介している。

第14章 ランダムウォークと拡散

14.1. 2次元のランダムウォーク

いままで、われわれが取り扱ってきたのは、すべて1次元のランダムウォークであるが、実際には酔っ払いは東西南北に移動することができる。実際の拡散現象でも、水にたらしたインクは四方に散らばっていく。

そこで、2次元のランダムウォークについて考えてみよう。といっても、その考え方の基本は1次元のランダムウォークとまったく同様である。

座標としては$u(x, t)$のかわりに$u(x, y, t)$となってy座標が増える。ここで、時刻1で、距離1だけ移動する2次元のランダムウォークを考えると、時刻0で原点$(x, y) = (0, 0)$に居た粒子（酔っ払い）は、図14-2に示すように、時刻1には1/4の確率で

$$(x, y) = (1, 0) \quad (x, y) = (-1, 0) \quad (x, y) = (0, 1) \quad (x, y) = (0, -1)$$

という座標に移動することになる。

よって、この場合の差分方程式は

$$u(x, y, t+1) = \frac{1}{4}\{u(x+1, y, t) + u(x-1, y, t) + u(x, y+1, t) + u(x, y-1, t)\}$$

と与えられる。これを一般の場合に拡張するため、位置と時刻の1ステップを、それぞれ$\Delta x, \Delta y, \Delta t$と置く。これらは、極限では無限小 ($\to 0$) となる。すると、いまの差分方程式は

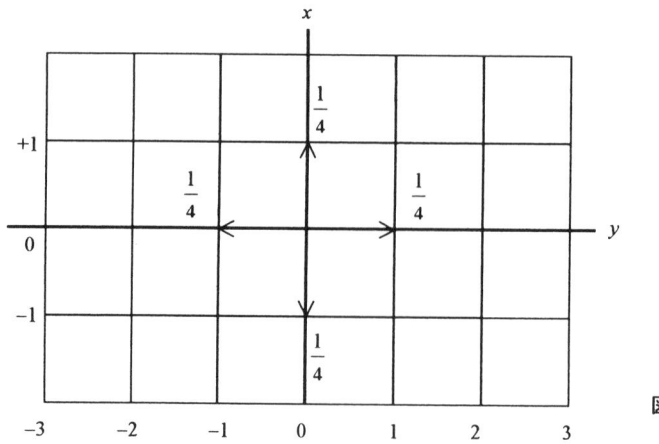

図14-2

第14章　ランダムウォークと拡散

$$u(x, y, t + \Delta t) = \frac{1}{4}\{u(x + \Delta x, y, t) + u(x - \Delta x, y, t) + u(x, y + \Delta y, t) + u(x, y - \Delta y, t)\}$$

と与えられる。あとは、1次元の場合と同様にテーラー展開して、整理すると

$$\Delta t \frac{\partial u(x, y, t)}{\partial t} = \frac{1}{4}(\Delta x)^2 \frac{\partial^2 u(x, y, t)}{\partial x^2} + \frac{1}{4}(\Delta y)^2 \frac{\partial^2 u(x, y, t)}{\partial y^2}$$

と変形できる。ここで、x, y 方向への拡散が同じ条件で起こるとすると

$$\frac{1}{4}\frac{(\Delta x)^2}{\Delta t} = \frac{1}{4}\frac{(\Delta y)^2}{\Delta t} = D$$

と置くことができ

$$\frac{\partial u(x, y, t)}{\partial t} = D\left\{\frac{\partial^2 u(x, y, t)}{\partial x^2} + \frac{\partial^2 u(x, y, t)}{\partial y^2}\right\}$$

という2次元の拡散方程式ができる。この解は

$$u(x, y, t) = \frac{1}{2\sqrt{\pi D t}} \exp\left(-\frac{x^2 + y^2}{4Dt}\right)$$

となる。これは2次元の正規分布であり、グラフとしては図14-3のようになる。

ついでに、『なるほどフーリエ解析』で紹介した調和方程式についても紹介しておこう。まず、2次元の拡散において、u が t によらない定常状態を考える。すると

$$\frac{\partial u(x, y, t)}{\partial t} = D\left\{\frac{\partial^2 u(x, y, t)}{\partial x^2} + \frac{\partial^2 u(x, y, t)}{\partial y^2}\right\} = 0$$

となる。つまり

$$\frac{\partial^2 u(x, y)}{\partial x^2} + \frac{\partial^2 u(x, y)}{\partial y^2} = 0$$

を満足する。これをラプラス方程式と呼んでいる。ここで、一般に

第14章　ランダムウォークと拡散

図 14-3 2次元の正規分布
$$u(x, y, t) = \frac{1}{2\sqrt{\pi Dt}}\exp\left(-\frac{x^2 + y^2}{4Dt}\right)$$
のグラフ。

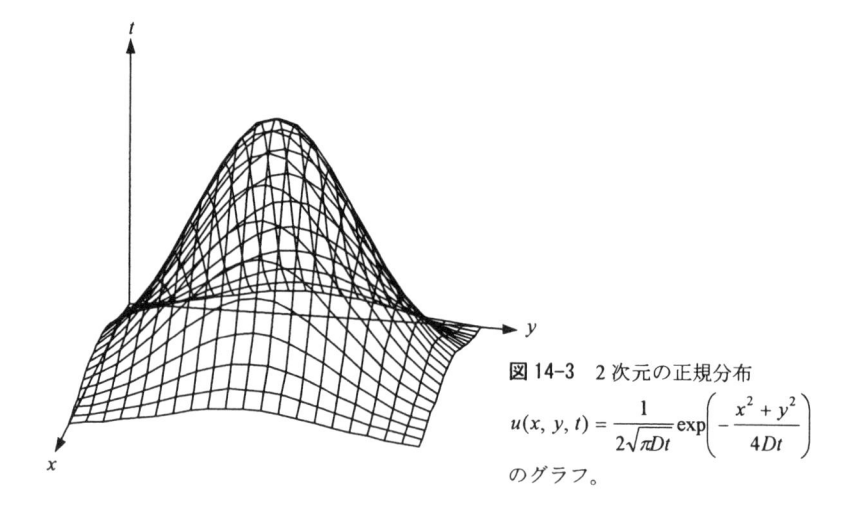

$$\Delta = \frac{\partial^2}{\partial x^2} + \frac{\partial^2}{\partial y^2}$$

という演算子 (operator) を**ラプラシアン** (Laplacian) と呼ぶ。この演算子をつかうと、定常状態は

$$\Delta u = 0$$

と表現することができる。このように、2次元のランダムウォークは、2次元の拡散や熱伝導の基礎となっているのである。

　実は、物理においては、数多くの粒子が集まった系の運動を、ミクロな粒子の運動の集積として取り扱うことは非常に難しい。ランダムウォークは、その足がかりを与えているのである。

第15章　マルコフ過程

15.1. 単純マルコフ過程

　時間とともに確率が変化する動的な過程を**確率過程** (stochastic process) と呼んでいる。このような動的な確率過程としてランダムウォーク (random walk) を紹介した。

　ところで、ランダムウォークにおける粒子の位置と時刻を、座標 $u(x(t), t) = u(x, t)$ で表現すると

$$u(x, t+1) = \frac{1}{2}u(x-1, t) + \frac{1}{2}u(x+1, t)$$

のように、時刻 $t+1$ の位置 x は時刻 t における位置から確率的に決まってしまう。このように、ある時刻の状態が、前の状態だけで決まる確率過程を**マルコフ過程** (Markov) と呼んでいる。特に、すぐ前の時刻のみに依存している場合を単純マルコフ過程 (simple Markov process) と呼ぶ。ランダムウォークは単純マルコフ過程の代表例である。

　ここで、単純マルコフ過程では、$x(t+1)$ は、$x(t)$ にのみ依存するので、その移動する確率は

$$p(x(t+1) = a_{n+1} \mid x(t) = a_n)$$

という条件付確率で示すことができる。この確率を**推移確率** (transition probability) と呼ぶ。左右へ進む確率が 1/2 と等しい、1次元の対称ランダムウォークにおいては、前章でも示したように

$$p\big(x(5) = 1 \mid x(4) = 2\big) = \frac{1}{2} \qquad p\big(x(5) = 3 \mid x(4) = 2\big) = \frac{1}{2}$$

と書くことができる。これは、時刻 $t = 2m$ に $x(t) = m - 2k$ の位置にいる場合

に（第13章参照）

$$p(x(2m+1) = m-2k+1 \mid x(2m) = m-2k) = \frac{1}{2}$$

$$p(x(2m+1) = m-2k-1 \mid x(2m) = m-2k) = \frac{1}{2}$$

という一般式となる。このように、推移確率が時間に関係なく常に一定であるマルコフ過程を、時間的に一様なマルコフ過程と呼ぶ。ここで、時間的に一様なマルコフ過程の例として、マルコフ自身が考えた問題を紹介しよう。いま図15-1のように、赤い玉が2個入った壺Aと、白い玉が2個入った壺Bを考えてみよう。

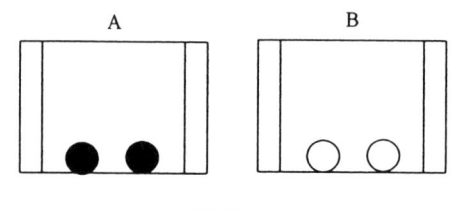

図 15-1

それぞれの壺から1個の玉を取り出して、互いに交換するものとする。ここで、壺Aにある赤い玉の数を変数 x として推移確率を求めてみよう。まず

$$x(0) = 2$$

である。すると、つぎに1個の玉を取り出して、交換すれば、必ず、Aの壺には赤と白の玉が1個ずつ、Bの壺にも赤と白の玉が1個ずつとなるので

$$x(1) = 1$$

となる。

つまり図15-2に示したような状態になる。この次のプロセスは、場合分

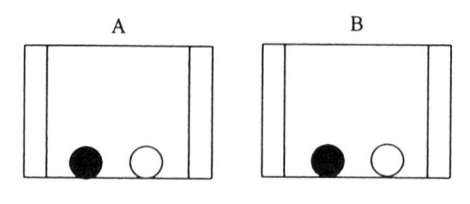

図 15-2

けする必要がある。まず、A の壺から取り出せるのは 2 種類の玉であり、B の壺から取り出せるのも 2 種類の玉であるので、その事象の総数は

$$2 \times 2 = 4$$

通りとなる。この時、それぞれの壺から白と白あるいは赤と赤を取り出せば、状態は変わらないので

$$x(2) = 1$$

となるが、その確率は 2/4 = 1/2 であるので、条件付確率で書けば

$$p(x(2) = 1 \mid x(1) = 1) = \frac{1}{2}$$

となる。

つぎに、A の壺から赤い玉を B の壺から白い玉を取り出す確率は 1/4 であるが、この場合、A の壺には白い玉が 2 個となるので

$$p(x(2) = 0 \mid x(1) = 1) = \frac{1}{4}$$

となる。

また、A の壺から白い玉を B の壺から赤い玉を取り出す確率は 1/4 であるが、この場合、A の壺には赤い玉が 2 個となるので

$$p(x(2) = 2 \mid x(1) = 1) = \frac{1}{4}$$

となる。

ここで、全体の事象をあらためて整理すると、2 つの壺に同じ色の玉が入っている状態から、玉を交換すると、必ず $x = 1$ となるので

A の壺に白い玉が 2 個のときには

$$p(x(t+1) = 1 \mid x(t) = 0) = 1$$

A の壺に赤い玉が 2 個のときには

$$p(x(t+1) = 1 \mid x(t) = 2) = 1$$

という一般式が得られる。

つぎに $x(t) = 1$ の場合には 3 通りの場合が考えられ

$$\begin{cases} p(x(t+1) = 0 \mid x(t) = 1) = \dfrac{1}{4} \\ p(x(t+1) = 1 \mid x(t) = 1) = \dfrac{1}{2} \\ p(x(t+1) = 2 \mid x(t) = 1) = \dfrac{1}{4} \end{cases}$$

と整理することができる。以上で、すべての過程を網羅したことになる。この確率過程を表にしてみると分かりやすい。対応する表は

$x(t+1)$ \ $x(t)$	0	1	2
0	0	1	0
1	1/4	1/2	1/4
2	0	1	0

となる。この表を参照すれば、$x(t)$ の状態が、つぎの時刻 $t+1$ に、どの状態にどれだけの確率で推移するかが分かる。例えば、$x(t) = 1$ の時に、$x(t+1) = 0$ に推移する確率は 1/4、$x(t) = 2$ の時に、$x(t+1) = 1$ に推移する確率は 1 となる。

ところで、この表は、そのまま、時刻が $t+1$ から $t+2$ に推移する場合にも適用することができ

$x(t+2)$ \ $x(t+1)$	0	1	2
0	0	1	0
1	1/4	1/2	1/4
2	0	1	0

という関係にある。これは、すべての過程に適用できる。ここで、この表を行列で表わした

第15章 マルコフ過程

$$\begin{pmatrix} 0 & 1 & 0 \\ 1/4 & 1/2 & 1/4 \\ 0 & 1 & 0 \end{pmatrix}$$

を**推移行列** (transition matrix) と呼んでいる。

当然のことながら、推移行列では、各行の成分の和は必ず1となる。

それでは、$x(t) = 0, 1, 2$ の場合に、$x(t+2)$はどのようになるのであろうか。この変化は、推移行列を使うと

$$\begin{pmatrix} 0 & 1 & 0 \\ 1/4 & 1/2 & 1/4 \\ 0 & 1 & 0 \end{pmatrix} \begin{pmatrix} 0 & 1 & 0 \\ 1/4 & 1/2 & 1/4 \\ 0 & 1 & 0 \end{pmatrix}$$

のような行列の掛け算で表される。これをつぎの表で考えてみよう。

$x(t)$ \ $x(t+1)$	0	1	2
0	0	1	0
1	1/4	1/2	1/4
2	0	1	0

$x(t+1)$ \ $x(t+2)$	0	1	2
0	0	1	0
1	1/4	1/2	1/4
2	0	1	0

まず左の表は、$x(t)$ から $x(t+1)$に推移する確率を示し、それぞれ $t=0,1,2$ の場合に対応している。次に右の表は、$x(t+1)$から $x(t+2)$に推移する確率を示している。よって、左の第1行と右の第1列の各成分をかければ$x(t) = 0$ が $x(t+2) = 0$ に推移する確率になることが分かる。

これは、まさに行列の掛け算のルールそのものである。よって

$$\begin{pmatrix} 0 & 1 & 0 \\ 1/4 & 1/2 & 1/4 \\ 0 & 1 & 0 \end{pmatrix} \begin{pmatrix} 0 & 1 & 0 \\ 1/4 & 1/2 & 1/4 \\ 0 & 1 & 0 \end{pmatrix} = \begin{pmatrix} 1/4 & 1/2 & 1/4 \\ 1/8 & 3/4 & 1/8 \\ 1/4 & 1/2 & 1/4 \end{pmatrix}$$

という行列が $x(t)$ から $x(t+2)$ への推移行列となる。この場合も、やはり各行の成分を足すと1となっている。これを表で書けば

$x(t)$ \ $x(t+2)$	0	1	2
0	1/4	1/2	1/4
1	1/8	3/4	1/8
2	1/4	1/2	1/4

という関係にあることを示している。

演習 15-1 赤い玉が 2 個入った壺 A と白い玉が 2 個入った壺 B がある。このとき、それぞれの壺から 1 個の玉を取り出して互いに交換する試行を 3 回行ったとき、壺 A に入っている赤い玉の個数の確率を求めよ。

解) この試行の推移行列は

$$\begin{pmatrix} 0 & 1 & 0 \\ 1/4 & 1/2 & 1/4 \\ 0 & 1 & 0 \end{pmatrix}^3$$

で与えられる。よって、求める推移行列は

$$\begin{pmatrix} 0 & 1 & 0 \\ 1/4 & 1/2 & 1/4 \\ 0 & 1 & 0 \end{pmatrix}^3 = \begin{pmatrix} 1/8 & 3/4 & 1/8 \\ 3/16 & 5/8 & 3/16 \\ 1/8 & 3/4 & 1/8 \end{pmatrix}$$

となる。よって、対応関係を表にすると

$x(0)$ \ $x(3)$	0	1	2
0	1/8	3/4	1/8
1	3/16	5/8	3/16
2	1/8	3/4	1/8

ここで、初めに壺 A に赤い玉が 2 個入っている事象は $x(0) = 2$ であるから、表より求める確率は、

第15章　マルコフ過程

$$p(x(3)=0\mid x(0)=2)=\frac{1}{8}$$

$$p(x(3)=1\mid x(0)=2)=\frac{3}{4}$$

$$p(x(3)=2\mid x(0)=2)=\frac{1}{8}$$

となる。

このように、時間的に一様なマルコフ過程では、推移行列が分かれば、その試行を複数回行ったときに、どのような状態になるかという確率を、行列の掛け算で求めることができるのである。

演習 15-2 消費者は銘柄 A のビールを買うと、つぎに買うときは 8 割のひとが銘柄 A のビールを、また、2 割のひとが銘柄 B のビールを買う傾向にある。一方、銘柄 B のビールを買った消費者は、つぎに買うときには 6 割のひとが銘柄 B を、4 割のひとが銘柄 A を買う傾向にあることが知られている。

ある消費者が銘柄 B のビールを買ったとして、3 回後にも銘柄 B のビールを買う確率を求めよ。

解)　まず、ビールの購買傾向を表にしてみよう。すると

$x(t)$ ＼ $x(t+1)$	A	B
A	0.8	0.2
B	0.4	0.6

となる。よって推移行列は

$$\begin{pmatrix} 0.8 & 0.2 \\ 0.4 & 0.6 \end{pmatrix}$$

となる。いまの場合は、3 回の試行となっているので

$$\begin{pmatrix} 0.8 & 0.2 \\ 0.4 & 0.6 \end{pmatrix} \begin{pmatrix} 0.8 & 0.2 \\ 0.4 & 0.6 \end{pmatrix} \begin{pmatrix} 0.8 & 0.2 \\ 0.4 & 0.6 \end{pmatrix} = \begin{pmatrix} 0.72 & 0.28 \\ 0.56 & 0.44 \end{pmatrix} \begin{pmatrix} 0.8 & 0.2 \\ 0.4 & 0.6 \end{pmatrix} = \begin{pmatrix} 0.688 & 0.312 \\ 0.624 & 0.376 \end{pmatrix}$$

あらためて表をつくると

$x(t)$ \ $x(t+3)$	A	B
A	0.688	0.312
B	0.624	0.376

となる。よって、銘柄 B のビールを購入したひとが、3 回後に銘柄 B のビールを購入する確率は 0.376 となる。

15.2. 推移の極限

いまのビールを買う問題において、購買回数を増やしていくとどうなるであろうか。実は、次第にある一定の値に近づいていくことが知られている。そこで、実際に、計算してみると

$$\begin{pmatrix} 0.8 & 0.2 \\ 0.4 & 0.6 \end{pmatrix}^4 = \begin{pmatrix} 0.688 & 0.312 \\ 0.624 & 0.376 \end{pmatrix} \begin{pmatrix} 0.8 & 0.2 \\ 0.4 & 0.6 \end{pmatrix} = \begin{pmatrix} 0.6752 & 0.3248 \\ 0.6496 & 0.3504 \end{pmatrix}$$

となる。ここで再確認すると、推移行列においては各行の確率を足すと

$$0.6752 + 0.3248 = 1 \quad 0.6496 + 0.3504 = 1$$

となって、その和は 1 となる。つぎに

$$\begin{pmatrix} 0.8 & 0.2 \\ 0.4 & 0.6 \end{pmatrix}^5 = \begin{pmatrix} 0.6752 & 0.3248 \\ 0.6496 & 0.3504 \end{pmatrix} \begin{pmatrix} 0.8 & 0.2 \\ 0.4 & 0.6 \end{pmatrix} = \begin{pmatrix} 0.67008 & 0.32992 \\ 0.65984 & 0.34016 \end{pmatrix}$$

となって、確かにある値に収束していく傾向が分かる。

実は、時間的に一様なマルコフ過程においては、時間がどんどん経過すると、ある一定の確率に近づいていくことが知られている。それを確かめてみよう。$1 \ll n$ とすると、この定常的な状態は、

第15章 マルコフ過程

x(0) \ x(n)	A	B
A	p_{11}	p_{12}
B	p_{21}	p_{22}

ただし、各行の和は1であるから

x(0) \ x(n)	A	B
A	p	$1-p$
B	q	$1-q$

と置く。つまり推移行列は

$$\begin{pmatrix} p & 1-p \\ q & 1-q \end{pmatrix}$$

と書くことができる。定常状態では、これに1回の試行の推移行列をかけても、この行列になるはずである。つまり

$$\begin{pmatrix} p & 1-p \\ q & 1-q \end{pmatrix} \begin{pmatrix} 0.8 & 0.2 \\ 0.4 & 0.6 \end{pmatrix} = \begin{pmatrix} p & 1-p \\ q & 1-q \end{pmatrix}$$

という関係が成立しなければならない。よって

$$0.8p + 0.4(1-p) = p \qquad 0.2p + 0.6(1-p) = 1-p$$
$$0.8q + 0.4(1-q) = q \qquad 0.2q + 0.6(1-q) = 1-q$$

となる。これを解くと $p = 2/3, q = 2/3$ となり、求める推移行列は

$$\begin{pmatrix} 2/3 & 1/3 \\ 2/3 & 1/3 \end{pmatrix}$$

となる。実際に確かめてみると

$$\begin{pmatrix} 2/3 & 1/3 \\ 2/3 & 1/3 \end{pmatrix} \begin{pmatrix} 0.8 & 0.2 \\ 0.4 & 0.6 \end{pmatrix} = \begin{pmatrix} 2/3 & 1/3 \\ 2/3 & 1/3 \end{pmatrix}$$

となって、確かに定常状態となっていることが分かる。

演習 15-3 A市における新聞購読傾向を調べたところ、読切新聞を購読している家が、つぎに読切新聞を購読する確率は9割で、残り1割は毎朝新聞に乗り換える。つぎに、毎朝新聞を購読している家では、続けて毎朝新聞を購読する確率は7割で、残り3割が読切新聞に変える傾向がある。

数年経ったときの、A市の読切新聞と毎朝新聞の購読割合を求めよ。

$x(t)$ \ $x(t+1)$	読切	毎朝
読切	0.9	0.1
毎朝	0.3	0.7

となる。よって推移行列は

$$\begin{pmatrix} 0.9 & 0.1 \\ 0.3 & 0.7 \end{pmatrix}$$

となる。ここで、長い時間を経て、定常状態になったときの表を

$x(0)$ \ $x(n)$	読切	毎朝
読切	p	$1-p$
毎朝	q	$1-q$

と置く。つまり定常状態の行列は

$$\begin{pmatrix} p & 1-p \\ q & 1-q \end{pmatrix}$$

と書くことができる。この状態では

$$\begin{pmatrix} p & 1-p \\ q & 1-q \end{pmatrix} \begin{pmatrix} 0.9 & 0.1 \\ 0.3 & 0.7 \end{pmatrix} = \begin{pmatrix} p & 1-p \\ q & 1-q \end{pmatrix}$$

という関係が成立しなければならない。よって

$$0.9p + 0.3(1-p) = p \qquad 0.1p + 0.7(1-p) = 1-p$$
$$0.9q + 0.3(1-q) = q \qquad 0.1q + 0.7(1-q) = 1-q$$

となる。これを解くと $p = 0.75, q = 0.75$ となり、求める推移行列は

$$\begin{pmatrix} 0.75 & 0.25 \\ 0.75 & 0.25 \end{pmatrix}$$

となり、読切新聞の購読者が75%、毎朝新聞の購読者が25%となる。

さて、上の行列表記では、定常状態の行列を

$$\begin{pmatrix} p & 1-p \\ q & 1-q \end{pmatrix}$$

という表記をしたが、結局

$$p = q$$

となり各行の成分が同じになる。このような特徴は、成分数が増えた場合の定常状態にも、そのまま適用できる。

演習 15-4 つぎのような推移行列で与えられている単純マルコフ過程の定常状態の行列を求めよ。

$$\begin{pmatrix} a & 1-a \\ b & 1-b \end{pmatrix}$$

解) 定常状態の行列を

$$\begin{pmatrix} p & 1-p \\ q & 1-q \end{pmatrix}$$

と置くと、この行列が満足すべき等式として

$$\begin{pmatrix} p & 1-p \\ q & 1-q \end{pmatrix} \begin{pmatrix} a & 1-a \\ b & 1-b \end{pmatrix} = \begin{pmatrix} p & 1-p \\ q & 1-q \end{pmatrix}$$

が与えられる。ここで、(1, 1)成分を計算すると

$$pa + (1-p)b = p$$

となり

$$p = \frac{b}{b-a+1}$$

となる。一方(2, 1)成分は

$$qa + (1-q)b = q$$

となり

$$q = \frac{b}{b-a+1}$$

となり定常状態の行列は

$$\begin{pmatrix} p & 1-p \\ q & 1-q \end{pmatrix} = \begin{pmatrix} \dfrac{b}{b-a+1} & \dfrac{1-a}{b-a+1} \\ \dfrac{b}{b-a+1} & \dfrac{1-a}{b-a+1} \end{pmatrix}$$

となる。

このように、任意の推移行列に対して、定常状態の行列では行どうしの成分がまったく同じになる。

演習 15-5　マルコフの壺の実験を何回も繰り返したときに、A の壺に入っている赤い玉が 0, 1, 2 個である確率を求めよ。

解）　この試行の推移行列は

$$\begin{pmatrix} 0 & 1 & 0 \\ 1/4 & 1/2 & 1/4 \\ 0 & 1 & 0 \end{pmatrix}$$

である。ここで対応する表は、赤い玉が0、1、2個である確率をそれぞれ、p_0、p_1、p_2とすると

$x(0)$ \ $x(n)$	0	1	2
0	p_0	p_1	p_2
1	p_0	p_1	p_2
2	p_0	p_1	p_2

となる。よって、3行3列の行列どうしの計算をするかわりに

$$\begin{pmatrix} p_0 & p_1 & p_2 \end{pmatrix} \begin{pmatrix} 0 & 1 & 0 \\ 1/4 & 1/2 & 1/4 \\ 0 & 1 & 0 \end{pmatrix} = \begin{pmatrix} p_0 & p_1 & p_2 \end{pmatrix}$$

という条件を満足するように、それぞれの値を求めればよい。ただし

$$p_0 + p_1 + p_2 = 1$$

という条件がつく。

$$p_0 \times 0 + p_1 \times \frac{1}{4} + p_2 \times 0 = \frac{p_1}{4} = p_0$$

$$p_0 \times 1 + p_1 \times \frac{1}{2} + p_2 \times 1 = p_1$$

$$p_0 \times 0 + p_1 \times \frac{1}{4} + p_2 \times 0 = \frac{p_1}{4} = p_2$$

これら連立方程式を解くと

$$p_0 = \frac{1}{6} \quad p_1 = \frac{2}{3} \quad p_2 = \frac{1}{6}$$

となる。つまり、Aの壺に赤い玉0個で白い玉が2個ある確率が1/6、赤い

玉と白い玉が1個ずつの確率が2/3、赤い玉が2個の確率が1/6ということになる。

マルコフ過程と推移行列の考え方は、確率変数が増えた場合にも簡単に拡張できる。

15.3. マルコフ過程の一般化

いま、時間的に一様なマルコフ過程で、確率変数 $X(t)$ が4個の場合には、その推移行列として

$$\begin{pmatrix} p_{11} & p_{12} & p_{13} & p_{14} \\ p_{21} & p_{22} & p_{23} & p_{24} \\ p_{31} & p_{32} & p_{33} & p_{34} \\ p_{41} & p_{42} & p_{43} & p_{44} \end{pmatrix}$$

というものを考えることができる。ここで、この行列の成分は、推移確率を与える。例えば、p_{41} は、状態 x_4 から状態 x_1 に推移する確率

$$p_{41} = p(x_4 \to x_1)$$

である。また、推移行列には、各行の和が必ず1になるという性質がある。

これは、例えば第1行の成分は、状態1が1, 2, 3, 4 と取り得るすべての状態に推移する確率であるから、当然、その和は

$$p_{11} + p_{12} + p_{13} + p_{14} = 1$$

になるのである。

いま、推移行列の成分 (p_{ij}) は1回の推移で、ある状態 (x_i) からつぎの状態 (x_j) に推移する確率を与えるものであるが、それでは複数回の推移の場合は、どうなるであろうか。すでに状態の数が2個と3個の場合に、行列の掛け算でそれが求められることを示したが、あらためて、状態の数が4個の場合で考えてみよう。すると2回の推移では

第 15 章　マルコフ過程

$$\begin{pmatrix} p_{11} & p_{12} & p_{13} & p_{14} \\ p_{21} & p_{22} & p_{23} & p_{24} \\ p_{31} & p_{32} & p_{33} & p_{34} \\ p_{41} & p_{42} & p_{43} & p_{44} \end{pmatrix} \begin{pmatrix} p_{11} & p_{12} & p_{13} & p_{14} \\ p_{21} & p_{22} & p_{23} & p_{24} \\ p_{31} & p_{32} & p_{33} & p_{34} \\ p_{41} & p_{42} & p_{43} & p_{44} \end{pmatrix}$$

という行列の掛け算で求められるが、一般式に書き直してみよう。まず、2回の推移で、ある状態 (x_i) からつぎの状態 (x_j) に推移する確率を

$$x_{ij}^{(2)}$$

と書く。すると、1 回の推移で x_i から x_1, x_2, x_3, x_4 のいずれかに移行する。それぞれの確率は $p_{i1}, p_{i2}, p_{i3}, p_{i4}$ となっている。これを一般式で書いて、x_i から x_r の状態に推移する確率を p_{ir} と書く。

そのつぎの推移で、x_r から x_j に移行すればよいので、その確率は p_{rj} と書くことができる。よって

$$p_{ij}^{(2)} = p_{i1}p_{1j} + p_{i2}p_{2j} + p_{i3}p_{3j} + p_{i4}p_{4j}$$

となるが

$$p_{ij}^{(2)} = \sum_{r=1}^{4} p_{ir}p_{rj}$$

と書くことができる。

それでは、3 回の推移で、x_i から x_j に移行する推移確率を求めてみよう。すると

$$p_{ij}^{(3)} = p_{i1}^{(2)}p_{1j} + p_{i2}^{(2)}p_{2j} + p_{i3}^{(2)}p_{3j} + p_{i4}^{(2)}p_{4j}$$

という式で書くことができる。つまり、右辺の第 1 項は、2 回までの推移で i から 1 に至る確率に、1 から j に推移する確率であり、順次、足し合わせれば、求める確率が得られる。

$$p_{ij}^{(3)} = \sum_{r=1}^{4} p_{ir}^{(2)}p_{rj}$$

同様にして、4 回の推移で、x_i から x_j に移行する推移確率を求めてみよう。すると

$$p_{ij}^{(4)} = p_{i1}^{(3)}p_{1j} + p_{i2}^{(3)}p_{2j} + p_{i3}^{(3)}p_{3j} + p_{i4}^{(3)}p_{4j}$$

という式で書くことができる。同様にして、n 回の推移で、x_i から x_j に移行する推移確率を求めてみよう。すると

$$p_{ij}^{(n)} = p_{i1}^{(n-1)}p_{1j} + p_{i2}^{(n-1)}p_{2j} + p_{i3}^{(n-1)}p_{3j} + p_{i4}^{(n-1)}p_{4j}$$

という式で書くことができる。一般式では

$$p_{ij}^{(n)} = \sum_{r=1}^{4} p_{ir}^{(n-1)} p_{rj}$$

となる。この考えは、成分の数が 4 個の場合ではなく k 個の場合にも拡張することができ

$$p_{ij}^{(n)} = \sum_{r=1}^{k} p_{ir}^{(n-1)} p_{rj}$$

あるいは

$$p_{ij}^{(n)} = p_{i1}^{(n-1)}p_{1j} + p_{i2}^{(n-1)}p_{2j} + p_{i3}^{(n-1)}p_{3j} + \ldots + p_{ir}^{(n-1)}p_{rj} + \cdots + p_{ik}^{(n-1)}p_{kj}$$

となる。これは、$(n-1)$ 回の推移と最後の 1 回の推移のかけ算の和で示しているが、より一般的には m 回の推移と、残り $(n-m)$ 回の推移確率とすると

$$p_{ij}^{(n)} = p_{i1}^{(m)}p_{1j}^{(n-m)} + p_{i2}^{(m)}p_{2j}^{(n-m)} + \ldots + p_{ir}^{(m)}p_{rj}^{(n-m)} + \cdots + p_{ik}^{(m)}p_{kj}^{(n-m)}$$

と書くことができる。あるいは

$$p_{ij}^{(n)} = \sum_{r=1}^{k} p_{ir}^{(m)} p_{rj}^{(n-m)}$$

が一般式となる。これを**チャップマン・コルモゴロフ** (Chapman-Kolmogorov) の式と呼んでいる。この式は要するに

第15章 マルコフ過程

$$\begin{pmatrix} p_{11} & p_{12} & p_{13} & p_{14} \\ p_{21} & p_{22} & p_{23} & p_{24} \\ p_{31} & p_{32} & p_{33} & p_{34} \\ p_{41} & p_{42} & p_{43} & p_{44} \end{pmatrix}^n = \begin{pmatrix} p_{11} & p_{12} & p_{13} & p_{14} \\ p_{21} & p_{22} & p_{23} & p_{24} \\ p_{31} & p_{32} & p_{33} & p_{34} \\ p_{41} & p_{42} & p_{43} & p_{44} \end{pmatrix}^m \begin{pmatrix} p_{11} & p_{12} & p_{13} & p_{14} \\ p_{21} & p_{22} & p_{23} & p_{24} \\ p_{31} & p_{32} & p_{33} & p_{34} \\ p_{41} & p_{42} & p_{43} & p_{44} \end{pmatrix}^{n-m}$$

というように、行列の掛け算を分配したということである。

第16章　確率とエントロピー

16.1.　熱力学とエントロピー

　実は、確率論の発展とともに**エントロピー** (entropy) という概念と確率が結びついている。エントロピーは、もともとは熱力学において導入された概念である。まず、熱力学におけるエントロピーの定義がどういうものかを振り返ってみる。それは

$$\Delta S = \frac{\Delta Q}{T}$$

となる。つまり、熱の出入り (ΔQ) を温度 (T) で除したものがエントロピー変化 (ΔS) ということになる。そして、自然に起こる反応においては、エントロピーは常に増大する。つまり

$$\Delta S \geq 0$$

となる。これをエントロピーの増大則あるいは**熱力学の第二法則** (The second law of thermodynamics) と呼んでいる。実は、その意味は簡単で、熱は高い方から低い方にしか移動しないという当たり前のことを数式化したものである。

　今、温度が T_1 の物体と、温度が T_2 の物体を接触させることを考える。ただし $T_1 > T_2$ とする。すると、熱は高い方から低い方へ移動する。移動する熱を ΔQ とすると、T_1 の物体は ΔQ だけ熱を奪われ、T_2 の物体は ΔQ だけ熱をもらうことになるので、エントロピー変化は

$$\Delta S = \frac{\Delta Q}{T_2} - \frac{\Delta Q}{T_1}$$

となる。ここで、$T_1 > T_2$ であるから、この値は必ず正となる。つまり、エントロピー増大の法則というのは、熱は高いほうから低いほうへ流れると

いう当たり前の自然現象を数式化したものと言える。

ただし、そのまま放っておけば、やがてふたつの物体の温度は一緒になり、それ以上の変化が起こらなくなる。このような状態を**平衡状態** (equilibrium state) と呼んでいる。つまり、エントロピー増大の法則といっても、常にエントロピーが増え続けるわけではなく、やがてある値に落ち着いて変化しなくなるのである。

16.2. エントロピーの確率表示

ここでエントロピーと確率がどのようにして結びついたかを簡単に紹介しておく。ある系に熱 (ΔQ) を加えると、一部は仕事 (ΔW) に変換され、残りは内部にエネルギー (ΔU) として蓄えられる。これを式で表現すると

$$\Delta Q = \Delta U + \Delta W$$

となる。これは、熱力学における**エネルギー保存の法則** (Law of conservation of energy) であり、**熱力学の第一法則** (The first law of thermodynamics) と呼ばれている。ここで、理想気体を考える。気体の場合の仕事は、気体の圧力を P、体積を V とすると

$$\Delta W = P \Delta V$$

のように、体積変化した場合に外部に仕事をする。よって

$$\Delta Q = \Delta U + P \Delta V$$

となる。ここで、n モルの理想気体の場合

$$PV = nRT$$

という**状態方程式** (equation of state) の関係にある。ただし、R は**気体定数** (gas constant) である。よって熱の変化は

$$\Delta Q = \Delta U + \left(\frac{nRT}{V}\right) \Delta V$$

と与えられる。このときエントロピー変化は

図16-1

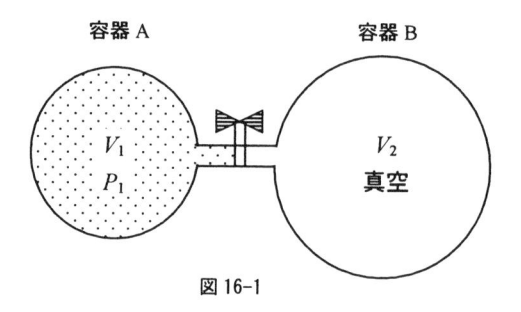

$$\Delta S = \frac{\Delta Q}{T} = \frac{\Delta U}{T} + \left(\frac{nR}{V}\right)\Delta V$$

よって

$$dS = \frac{dU}{T} + \left(\frac{nR}{V}\right)dV = \frac{dU}{T} + nRd\ln V$$

ここで図 16-1 のように、バルブでつながった容積 V_1 と V_2 の容器 A, B があり、容器 A には 1 モルの気体が入っていて、その圧力が P_1、容器 B は真空としよう。バルブを開いた時のエントロピー変化はどうなるであろうか。この時、内部エネルギーの変化はなく、体積が V_1 から V_1+V_2 に変わるので

$$dS = R\ln\frac{V_1+V_2}{V_1}$$

となる。ここで、**ボルツマン定数**（Boltzmann constant）を k、気体分子の数を N とすると

$$R = kN$$

の関係にあるから

$$dS = R\ln\frac{V_1+V_2}{V_1} = kN\ln\frac{V_1+V_2}{V_1} = k\ln\left(\frac{V_1+V_2}{V_1}\right)^N$$

となる。少々強引ではあるが、これをもとに確率との関係を考えてみよう。今、気体分子 1 個に着目する。バルブを開いた後で、この気体が容器 A に居る確率 $p(A)$ は

第16章　確率とエントロピー

$$p(A) = \frac{V_1}{V_1+V_2}$$

である。よって、N個の分子がすべて容器Aに存在する確率p_Aは

$$p_A = \left(\frac{V_1}{V_1+V_2}\right)^N$$

となる。つぎに、バルブを開いた後で、1個の気体分子が容器$A+B$に居る確率$p(AB)$は

$$p(AB) = \frac{V_1+V_2}{V_1+V_2}$$

となる。もちろん、この値は1であるが、あえてこのまま展開する。よって、N個の分子がすべて容器$A+B$に存在する確率p_{AB}は

$$p_{AB} = \left(\frac{V_1+V_2}{V_1+V_2}\right)^N$$

となる。ここで、あらためてエントロピー変化と対照してみよう。すると

$$dS = k\ln\left(\frac{V_1+V_2}{V_1}\right)^N = k\ln\left\{\left(\frac{V_1+V_2}{V_1+V_2}\right)^N \bigg/ \left(\frac{V_1}{V_1+V_2}\right)^N\right\} = k\ln\left(\frac{V_1+V_2}{V_1+V_2}\right)^N - k\ln\left(\frac{V_1}{V_1+V_2}\right)^N$$

と変形できる。いまの確率を代入すると

$$dS = k\ln p_{AB} - k\ln p_A$$

となる。このように、分子の存在確率の変化がエントロピー変化となっていると考えることができる。この考えは1896年に**ボルツマン** (Boltzmann) によって提唱されたものである。

　このようにして、エントロピーと確率に密接な関係があることが示されたが、それが発展するのは、情報理論と確率およびエントロピーが結びついたからである。

16.3. 情報量と確率

ある事象 A が持つ情報量というものを考えてみる。実は、ある事象 A の起こる確率が $p(A)$ の場合、情報量を $I(A)$ と置くと

$$I(A) = -\log p(A)$$

と表現できる。（というよりも定義されている。）ここで、対数の底は、場合によって使い分ける。底として 2 を使うと、これは 0 と 1 の情報に対応し、単位としては**ビット** (bit) となる。bit は binary digit （2進法単位）の略である。これに対し、底として、自然対数 (e) を使った場合の情報量の単位を nat と呼ぶ。これは natural unit の略である。さらに、底として 10、つまり常用対数の場合の情報量の単位は det と呼ぶ。これは decimal unit の略である。本章では単位としてビットを使う。

それでは、情報量はどうして、このようなかたちになるのであろうか。それを理解するには、この式を確率の定義をもとに変形したほうが分かりやすい。確率の定義は、事象 A が生じる場合の数 $n(A)$ を、全事象 U の場合の数 $n(U)$ で除したものである。よって

$$p(A) = \frac{n(A)}{n(U)}$$

となる。この式を情報量の式に代入すると

$$I(A) = -\log p(A) = -\log \frac{n(A)}{n(U)} = \log \frac{n(U)}{n(A)}$$

となる。つまり、情報量とは全事象の場合の数を、事象 A の場合の数で除した数値の対数と考えることもできる。このような定義のほうが直感で分かりやすい。当然のことながら、全事象の数が多いほうが、情報量は多くなるはずである。

それでは、情報量はなぜ、情報を伝える事象 A の場合の数で除すのであろうか。具体例で考えてみよう。まず、全事象の数が 100 の場合を想定してみよう。このままでは、情報量が多いように感じるが、情報を載せようとしている事象 A の場合の数が 50 であるとすると、せっかく全事象の数が 100 あっても、この事象が起こるかどうかは、2 (100/50) 通りしかないこと

になる。

極端な例では、全事象の数が100であっても、対象とする事象Aが100、つまり必ず起こるとすると、情報としての価値はない。これは、ある事象の生じる確率が1

$$p(A) = 1$$

のとき

$$I(A) = -\log p(A) = 0$$

となって、情報量が0となることに対応する。つまり、常に起こることが分かっている事象には情報としての価値がないということである。あるいは、情報を伝える手段として利用できないと考えた方が分かりやすい。

演習 16-1 コイン投げの事象が持つ情報量を求めよ。

解） コイン投げでは、全事象は表あるいは裏が出る2通りである。よって、それぞれが出る確率は1/2であるので、その情報量は

$$I(A) = -\log_2 p(A) = -\log_2 \frac{1}{2} = \log_2 2 = 1$$

となる。つまり、1ビットである。

コンピュータは0と1の状態量を有する。よって、ちょうどコイン投げと同じ情報量となる。つまり1ビットの情報量とは、0か1かという二者択一である。

演習 16-2 サイコロ投げの事象が持つ情報量を求めよ。

解） サイコロ投げでは、全事象は1から6までの目が出る6通りである。よって、それぞれが出る確率は1/6であるので、その情報量は

$$I(A) = -\log_2 p(A) = -\log_2 \frac{1}{6} = \log_2 6 \fallingdotseq 2.585$$

となる。つまり、サイコロ投げの情報量は 2.585 ビットである。

このように、コイン投げよりは、サイコロ投げの方の情報量が多いということになる。あるいは、**コイン投げより、サイコロ投げのほうが、より多くの情報を伝えることができる**と言い換えることができる。

これは、少し考えれば当たり前で、コイン投げでは、2 種類の情報しか積めないが、サイコロ投げでは、6 種類の情報が詰め込めるからである。

演習 16-3　コインを 3 回投げる事象が持つ情報量を求めよ。

解)　コイン投げでは、表あるいは裏が出る 2 通りであるが、これを 3 回投げると、その全事象は $2 \times 2 \times 2 = 8$ 通りとなる。よって、それぞれの事象の確率は 1/8 であるので、その情報量は

$$I(A) = -\log_2 p(A) = -\log_2 \frac{1}{8} = \log_2 8 = 3\log_2 2 = 3$$

となる。コンピュータでは 3 ビットということになる。

それでは、情報量は、なぜ対数なのであろうか。これに関しては、ビットを考えると分かりやすい。例えばコンピュータでは 0 か 1 かで情報を伝達する。このとき、コイン投げを 10 回試行すると

$$2^{10} = 1024$$

通りの組み合わせがあるが、1 個 1 個の試行では表か裏か（あるいは 0 か 1 か）という情報であるので、全部で 10 の情報しか伝達できないということである。

16.4. 情報におけるエントロピー

前節で、サイコロ投げという事象が持つ情報量について考えた。サイコロ投げの事象は

$$\{1, 2, 3, 4, 5, 6\}$$

のように全部で6個ある。ここで、1の目が出るという情報量は

$$I(1) = -\log_2 p(1) = -\log_2 \frac{1}{6} = \log_2 6 = 2.585$$

であった。しかし、1が出るのは全事象の中で1/6であるから

$$p(1)I(1) = -p(1)\log_2 p(1) = -\frac{1}{6}\log_2 \frac{1}{6} = \frac{\log_2 6}{6}$$

として、全体の和をとる。すると

$$p(1)I(1) + p(2)I(2) + p(3)I(3) + p(4)I(4) + p(5)I(5) + p(6)I(6)$$

となるが、この和をサイコロを投げる事象(A)のエントロピー($S(A)$)と定義する。つまり

$$S(A) = -\sum_{i=1}^{n} p(A_i) \log p(A_i)$$

がエントロピーとなる。これは

$$I(A_i) = -\log p(A_i)$$

という情報量に対応した関数の期待値ということになる。

$$S(A) = E[I(A_i)] = E[-\log p(A_i)]$$

演習 16-4 コイン投げの事象のエントロピーを計算せよ。

解) コイン投げの事象 A は（表、裏）(head: H, tail: T)である。よって、

そのエントロピーは

$$S(A) = -p(\mathrm{H})\log p(\mathrm{H}) - p(\mathrm{T})\log p(\mathrm{T})$$

それぞれ確率は 1/2 であるから

$$S(A) = -\frac{1}{2}\log\frac{1}{2} - \frac{1}{2}\log\frac{1}{2} = \log 2 = 1$$

となる。

ここで、別な視点に立つと、コイン投げとサイコロ投げは、全事象の確率 1 を

$$\left\{\frac{1}{2}, \frac{1}{2}\right\} \quad \left\{\frac{1}{6}, \frac{1}{6}, \frac{1}{6}, \frac{1}{6}, \frac{1}{6}, \frac{1}{6}\right\}$$

という単位に分解したものと考えることができる。これは、確率 1 を等分に分割しているが、いま

$$\left\{\frac{1}{3}, \frac{2}{3}\right\}$$

のように分割したとしよう。すると、この場合のエントロピーは

$$S = -\frac{1}{3}\log\frac{1}{3} - \frac{2}{3}\log\frac{2}{3} = \frac{1}{3}\log 3 + \frac{2}{3}(\log 3 - \log 2) = \log 3 - \frac{2}{3}\log 2$$
$$\cong 1.585 - \frac{2}{3} \cong 0.918$$

となる。これは、log2 (=1) よりも小さい。実際に 2 つに分割する場合には、等分に分割した場合のエントロピーがいちばん大きくなる。それを実際に確かめてみよう。いま

$$\{p, 1-p\}$$

という分割を考えてみる。このエントロピーは

$$S(p) = -p\log p - (1-p)\log(1-p)$$

で与えられる。ここで、$p = 0, 1$ を代入すると

$$S(0) = 0 \qquad S(1) = 0$$

となる。ただし

$$\lim_{p \to 0} p \log p = \lim_{n \to \infty} \frac{1}{n} \log \frac{1}{n} = -\lim_{n \to \infty} \frac{\log n}{n} = \lim_{n \to \infty} \frac{(\log n)'}{(n)'} = \lim_{n \to \infty} \frac{1}{n} = 0$$

という関係を使った。

つぎに、この関数の微分をとると

$$\frac{dS(p)}{dp} = -\log p - \frac{p}{p} + \log(1-p) + \frac{1-p}{1-p} = -\log p + \log(1-p) = \log \frac{1-p}{p}$$

となり、$0 < p < 1/2$ では

$$\frac{dS(p)}{dp} = \log \frac{1-p}{p} > 0$$

$1/2 < p < 1$ では

$$\frac{dS(p)}{dp} = \log \frac{1-p}{p} < 0$$

また、$p = 1/2$ のとき

$$\frac{dS(p)}{dp} = \log \frac{1-p}{p} = \log \frac{1-(1/2)}{1/2} = 0$$

となる。よって、グラフとしては、$p < 1/2$ までは単調増加で、$p = 1/2$ で最大値をとり、その後 $p > 1/2$ では単調減少となる。図 16-2 のようになる。ただし、底の選び方によって、グラフの絶対値が変化することに注意する。

それでは、分割数が 3 つの場合のエントロピーについて、考えてみよう。2 分割の場合と同様に考えれば、等分割した場合がエントロピー最大となると予想される。いま、分割を

$$\{p_1, p_2, p_3\}$$

とする。すると

$$p_1 + p_2 + p_3 = 1$$

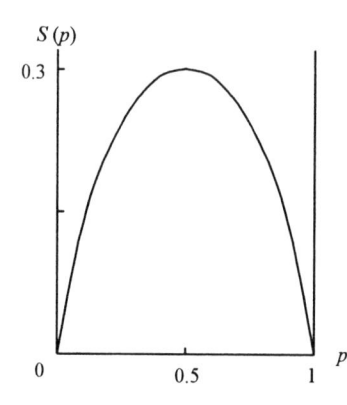

図 16-2
$S(p) = -p \log p - (1-p) \log(1-p)$
のグラフ。

という関係が成立する。ここで、この場合のエントロピーは

$$S = -p_1 \log p_1 - p_2 \log p_2 - p_3 \log p_3$$

で与えられる。これを、まず変形して

$$S(p_1, p_2) = -p_1 \log p_1 - p_2 \log p_2 - (1-p_1-p_2)\log(1-p_1-p_2)$$

のように、2変数の関数とする。

$$\frac{\partial S(p_1, p_2)}{\partial p_1} = -\log p_1 - \frac{p_1}{p_1} + \log(1-p_1-p_2) + \frac{1-p_1-p_2}{1-p_1-p_2} = \log \frac{1-p_1-p_2}{p_1}$$

これが極値をとるのは

$$\frac{\partial S(p_1, p_2)}{\partial p_1} = \log \frac{1-p_1-p_2}{p_1} = 0 \qquad \frac{1-p_1-p_2}{p_1} = 1$$

より

$$1 - p_2 = 2p_1$$

という条件が与えられる。

同様にして

$$\frac{\partial S(p_1, p_2)}{\partial p_2} = \log \frac{1-p_1-p_2}{p_2} = 0$$

より

$$1 - p_1 = 2p_2$$

最初の式より $p_2 = 1 - 2p_1$ であるから

$$1 - p_1 = 2(1 - 2p_1) \qquad 3p_1 = 1$$

より

$$p_1 = \frac{1}{3} \text{ よって } p_2 = \frac{1}{3}, \ p_3 = \frac{1}{3}$$

の時に最大値をとることが分かる。よって、3分割のときにも、等分に分割したときのエントロピーが最大となる。この時のエントロピーは

$$S = -p_1 \log p_1 - p_2 \log p_2 - p_3 \log p_3$$
$$= -\frac{1}{3}\log\frac{1}{3} - \frac{1}{3}\log\frac{1}{3} - \frac{1}{3}\log\frac{1}{3} = \log 3$$

と計算できる。同様にして、N 分割する場合には、$1/N$ ずつ等分割するときのエントロピーが最大となり、その値は

$$S = \log N$$

となる。

演習 16-5 n 分割したときのエントロピーの最大値を求めよ。

解) 1 を n 分割したときの成分を

$$\{p_1, p_2, p_3, \cdots, p_n\}$$

とする。このとき

$$p_1 + p_2 + p_3 + \cdots + p_n = 1$$

という関係が成立する。ここで、この場合のエントロピーは

$$S = -p_1 \log p_1 - p_2 \log p_2 - p_3 \log p_3 - \cdots - p_n \log p_n$$

で与えられる。これを、まず変形して

$$S = -p_1 \log p_1 - p_2 \log p_2 - \cdots - (1 - p_1 - p_2 - \cdots - p_{n-1}) \log(1 - p_1 - p_2 \cdots - p_{n-1})$$

のように、$n-1$ 変数の関数とする。

$$\frac{\partial S}{\partial p_1} = -\log p_1 + \log(1 - p_1 - p_2 - \cdots - p_{n-1}) = \log \frac{1 - p_1 - p_2 - \cdots - p_{n-1}}{p_1}$$

これが極値をとるのは

$$\frac{\partial S}{\partial p_1} = \log \frac{1 - p_1 - p_2 - \cdots - p_{n-1}}{p_1} = 0$$

より

$$\frac{1 - p_1 - p_2 - \cdots - p_{n-1}}{p_1} = 1$$

よって

$$1 - p_1 - p_2 - \cdots - p_{n-1} = p_1$$

という条件が与えられる。

同様にして

$$1 - p_1 - p_2 - \cdots - p_{n-1} = p_2$$
$$1 - p_1 - p_2 - \cdots - p_{n-1} = p_3$$
$$\cdots\cdots$$
$$1 - p_1 - p_2 - \cdots - p_{n-1} = p_{n-1}$$

ここで左辺と右辺の和をとると

$$(n-1)p_n = 1 - p_n$$

となり

$$np_n = 1 \qquad p_n = \frac{1}{n}$$

となる。同様にして

$$p_1 = p_2 = p_3 = \cdots = p_{n-1} = \frac{1}{n}$$

と与えられ、n 等分したときにエントロピーが最大になることが分かる。このときのエントロピーは

$$S = -p_1 \log p_1 - p_2 \log p_2 - \cdots - p_n \log p_n$$
$$= -\frac{1}{n}\log\frac{1}{n} - \frac{1}{n}\log\frac{1}{n} - \cdots - \frac{1}{n}\log\frac{1}{n} = \log n$$

と計算できる。

このように、n 分割する場合には、$1/n$ ずつ等分割するときのエントロピーが最大となり、その値は

$$S = \log n$$

となる。

補遺 1　指数関数とべき級数展開

A1.1.　指数関数の定義

　本書でも紹介したように、統計学を数学的に取り扱う場合、指数関数が重要な役割を示す。なにしろ、統計分布の代表である正規分布の確率密度関数が指数関数である。

　そこで、本補遺では、指数関数の中心的な存在である e について紹介する。これは、対数の発見者であるネイピアにちなんで**ネイピア数** (Napier number) と呼ばれたり、あるいはオイラーがこの記号を最初に使ったことから**オイラー数** (Euler number) と呼ばれることもある。**自然対数** (natural logarithm) **の底**(base) とも呼ばれる。

　e は、a^x を x で微分 (differentiation) した時に、その値が a^x 自身になるように定義された値である。この定義をもとに e について見てみよう。つまり、e の定義は

$$\frac{da^x}{dx} = a^x$$

を満足する a の値となる。これをより具体的に示すと

$$\frac{da^x}{dx} = \lim_{\Delta x \to 0} \frac{a^{x+\Delta x} - a^x}{\Delta x}$$

lim の中を括り出すと

$$\frac{a^{x+\Delta x} - a^x}{\Delta x} = \frac{a^x(a^{\Delta x} - 1)}{\Delta x}$$

となるので、結局 $\Delta x \to 0$ のとき

補遺1 指数関数とべき級数展開

$$\frac{a^x(a^{\Delta x}-1)}{\Delta x} = a^x$$

を満足する値 a が e ということになる。よって、

$$\frac{(e^{\Delta x}-1)}{\Delta x} = 1$$

となる。これを e について解くと

$$e^{\Delta x} = 1 + \Delta x$$
$$e = \lim_{\Delta x \to 0}(1+\Delta x)^{\frac{1}{\Delta x}} = \lim_{d \to 0}(1+d)^{\frac{1}{d}}$$

となり、これが e の数学的な定義となる。ここで $n = \dfrac{1}{d}$ と置き換えると

$$e = \lim_{n \to \infty}\left(1+\frac{1}{n}\right)^n$$

が得られる。実際に n に数値を代入してみると

$$e_1 = (1+1)^1 = 2$$
$$e_2 = \left(1+\frac{1}{2}\right)^2 = 2.25$$
$$e_3 = \left(1+\frac{1}{3}\right)^3 = 2.370\cdots$$
$$\cdots$$
$$e_\infty = 2.7182818\cdots = e$$

となって、e は無理数となることが分かる。ただし、実際にこの方法で計算すると、なかなか収束しない。実際の計算は後程紹介する級数展開の方が楽である。ちなみに、$y = e^x$ のグラフを、$y = 2^x$ および $y = 3^x$ のグラフとともに図A1-1に示す。指数関数のグラフはちょうど、これらグラフの中間に位置する（より3に近いが）。 ちなみに、$x=0$ での接線の傾き (slope of

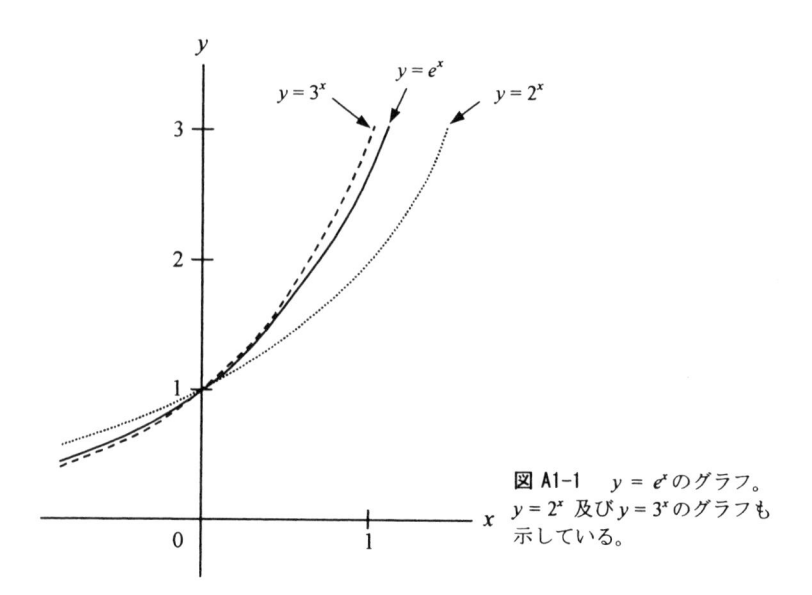

図 A1-1　$y = e^x$ のグラフ。$y = 2^x$ 及び $y = 3^x$ のグラフも示している。

tangent): dy/dx は、$y = 2^x$ のグラフでは < 1、$y = 3^x$ のグラフでは > 1 であり、$y = e^x$ でちょうど 1 になっている。これは $y = e^x$ の定義から明らかである。

　ここで、確認の意味で指数関数

$$y = e^x$$

を x で微分すると

$$\frac{dy}{dx} = e^x$$

となって、微分したものがそれ自身になる。この性質が理工系分野へ大きな波及効果を及ぼすことになる。一例が、その級数展開である。

A1.2. べき級数展開

　一般に関数 $f(x)$ は次のような**べき級数展開** (expansion into power series) が可能である。

$$f(x) = a_0 + a_1 x + a_2 x^2 + a_3 x^3 + a_4 x^4 + a_5 x^5 + \cdots$$

これら**係数** (coefficients) は以下の方法で求められる。

まず、この式に $x = 0$ を代入すれば、x を含んだ項が消えるので、$f(0) = a_0$ となって、最初の**定数項** (constant term) が求められる。

次に、$f(x)$ の微分をくり返しながら、$x = 0$ を代入していくと、それ以降の係数が求められる。例えば

$$f'(x) = a_1 + 2a_2 x + 3a_3 x^2 + 4a_4 x^3 + 5a_5 x^4 + \cdots$$

となるから、$x = 0$ を代入すれば a_2 以降の項はすべて消えて、a_1 のみが求められる。同様にして

$$f''(x) = 2a_2 + 3 \cdot 2a_3 x + 4 \cdot 3a_4 x^2 + 5 \cdot 4a_5 x^3 + \cdots$$
$$f'''(x) = 3 \cdot 2a_3 + 4 \cdot 3 \cdot 2a_4 x + 5 \cdot 4 \cdot 3a_5 x^2 + \cdots$$

となり、$x=0$ を代入すれば、定数項だけが順次残る仕組みである。よって、定数は

$$a_0 = f(0), \quad a_1 = f'(0), \quad a_2 = \frac{1}{1 \cdot 2} f''(0), \quad a_3 = \frac{1}{1 \cdot 2 \cdot 3} f'''(0),$$
$$\cdots, \quad a_n = \frac{1}{n!} f^n(0)$$

で与えられ、まとめると

$$f(x) = f(0) + f'(0)x + \frac{1}{2!}f''(0)x^2 + \frac{1}{3!}f'''(0)x^3 + \cdots + \frac{1}{n!}f^{(n)}(0)x^n + \cdots$$

となる。これをまとめて書くと一般式 (general form)

$$f(x) = \sum_{n=0}^{\infty} \frac{1}{n!} f^{(n)}(0) x^n$$

が得られる。この級数を**マクローリン級数** (Maclaurin series)、また、この級数展開を**マクローリン展開** (Maclaurin expansion) と呼んでいる。全く同様にして、

$$f(x-a) = f(a) + f'(a)x + \frac{1}{2!}f''(a)x^2 + \frac{1}{3!}f'''(a)x^3 + \cdots + \frac{1}{n!}f^{(n)}(a)x^n + \cdots$$

という展開を行うことができる。これは、点 $x=a$ のまわりの展開 (expansion about the point $x=a$) と呼び、**テーラー展開** (Taylor expansion) と呼んでいる。級数展開としてはテーラー展開がより一般的であり，マクローリン展開は点 $x=0$ のまわりのテーラー展開と呼ぶことができる。

ここで、指数関数の場合には、n **階の導関数**（nth order derivative）が $f^{(n)}(x) = e^x$ であるため、$f^{(n)}(0) = e^0 = 1$ となる。すなわち、$x=0$ を代入すると、e の展開式は

$$e^x = 1 + x + \frac{1}{2!}x^2 + \frac{1}{3!}x^3 + \frac{1}{4!}x^4 + \cdots + \frac{1}{n!}x^n + \cdots$$

となる。この展開を利用して、x^2 および x^3 の項までグラフにプロットしてみると、図 A1-2 に示したように、e^x のグラフに漸近していくことが分かる。

次に展開式を x で微分してみよう。すると

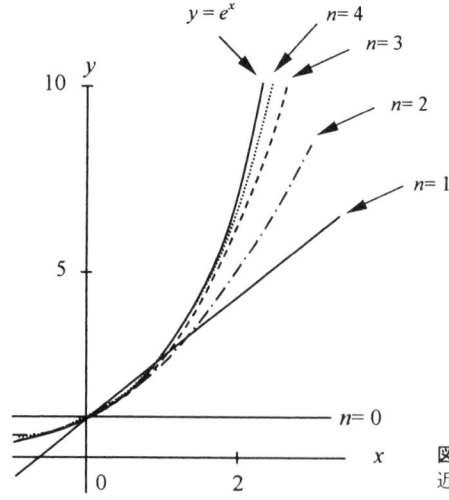

図A1-2　$y = \exp(x)$ の展開式の漸近の様子。

補遺1　指数関数とべき級数展開

$$\frac{d(e^x)}{dx} = 0 + 1 + \frac{1}{2!}\cdot 2x + \frac{1}{3!}\cdot 3x^2 + \frac{1}{4!}\cdot 4x^3 + \frac{1}{5!}\cdot 5x^4 + \cdots + \frac{1}{n!}\cdot nx^{n-1} + \cdots$$

となり、右辺を整理すると

$$1 + x + \frac{1}{2!}x^2 + \frac{1}{3!}x^3 + \frac{1}{4!}x^4 + \cdots + \frac{1}{n!}x^n + \cdots$$

となって、それ自身に戻る。つまり

$$\frac{d(e^x)}{dx} = e^x$$

が確かめられる。

つぎに、e^xの展開式を利用してeの値を求めることもできる。e^xの展開式に$x=1$を代入すると

$$1 + \frac{1}{1!} + \frac{1}{2!} + \frac{1}{3!} + \frac{1}{4!} + \cdots + \frac{1}{n!} + \cdots = \sum_{0}^{\infty}\frac{1}{n!}$$

となり、階乗の逆数の和となるが、これを階乗級数 (factorial series) と呼んでいる。具体的に数値を与えると

$$e = 1 + 1 + \frac{1}{2} + \frac{1}{6} + \frac{1}{24} + \cdots$$

となって、計算すると

$$e = 2.718281828\cdots$$

が得られる。つぎに

$$f(x) = \ln(1+x)$$

の展開を考えてみよう。すると

$$f'(x) = \frac{1}{1+x} \qquad f''(x) = -\frac{1}{(1+x)^2} \qquad f'''(x) = \frac{2(1+x)}{(1+x)^4} = \frac{2}{(1+x)^3}$$

$$f^{(4)}(x) = -\frac{2\cdot 3(1+x)^2}{(1+x)^6} = -2\cdot 3\frac{1}{(1+x)^4}$$

となるので

$$a_0 = f(0) = 0, \quad a_1 = f'(0) = 1, \quad a_2 = \frac{1}{1 \cdot 2} f''(0) = -\frac{1}{2} \quad a_3 = \frac{1}{1 \cdot 2 \cdot 3} f'''(0) = \frac{1}{3}$$

$$a_4 = \frac{1}{1 \cdot 2 \cdot 3 \cdot 4} f^{(4)}(x) = -\frac{1}{4}$$

となるので

$$\ln(1+x) = x - \frac{1}{2}x^2 + \frac{1}{3}x^3 - \frac{1}{4}x^4 + \cdots$$

となる。

補遺2　ガウスの積分公式

　ガウスの積分公式は
$$f(x) = \exp(-ax^2)$$
のかたちをした関数を$-\infty$から∞まで積分したときの値を与えるものである。

　ここで、この値をIと置こう。
$$I = \int_{-\infty}^{\infty} \exp(-ax^2) dx$$

つぎに、まったく同様なyの関数の積分を考え
$$I = \int_{-\infty}^{\infty} \exp(-ay^2) dy$$

そのうえで、これら積分の積を求めると
$$I^2 = \int_{-\infty}^{\infty} \exp(-ax^2) dx \cdot \int_{-\infty}^{\infty} \exp(-ay^2) dy$$

となるが、これをまとめて
$$I^2 = \int_{-\infty}^{\infty}\int_{-\infty}^{\infty} \exp(-a(x^2 + y^2)) dxdy$$

という**重積分** (double integral) のかたちに変形できる。この重積分は図 A2-1 に示すような
$$z = \exp(-a(x^2 + y^2))$$

という関数の体積に相当する。ここで、直交座標 (x, y) を極座標 (r, θ) に変換する。すると

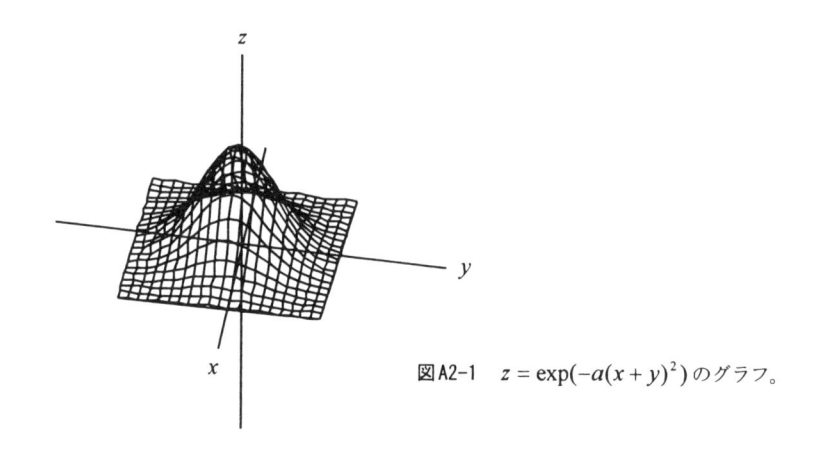

図A2-1　$z = \exp(-a(x+y)^2)$ のグラフ。

となるが、微分係数は

$$x^2 + y^2 = r^2$$

$$dxdy \to rdrd\theta$$

という変換が必要となる。ここで、$dxdy$ は直交座標における面積素に相当する。これを極座標での面積素に変換するには、図 A2-2 に示すように、極座標系で、r が dr だけ、また、θ が $d\theta$ だけ増えたときの面積素を計算する必要がある。これは、斜線の部分の面積に相当するが、図から明らかなように、$rdrd\theta$ となる。この変換にともなって、積分範囲は

$$-\infty \leq x \leq \infty, -\infty \leq y \leq \infty \quad \to \quad 0 \leq r \leq \infty, 0 \leq \theta \leq 2\pi$$

と変わる。よって

$$I^2 = \int_0^{2\pi} \int_0^{\infty} \exp(-ar^2) rdrd\theta$$

と置き換えられる。まず

$$\int_0^{\infty} \exp(-ar^2) rdr$$

の積分を計算する。$r^2 = t$ と置くと $2rdr = dt$ であるから

$$\int_0^{\infty} \exp(-ar^2) rdr = \int_0^{\infty} \frac{\exp(-at)}{2} dt = \left[-\frac{\exp(-at)}{2a} \right]_0^{\infty} = \frac{1}{2a}$$

補遺2　ガウスの積分公式

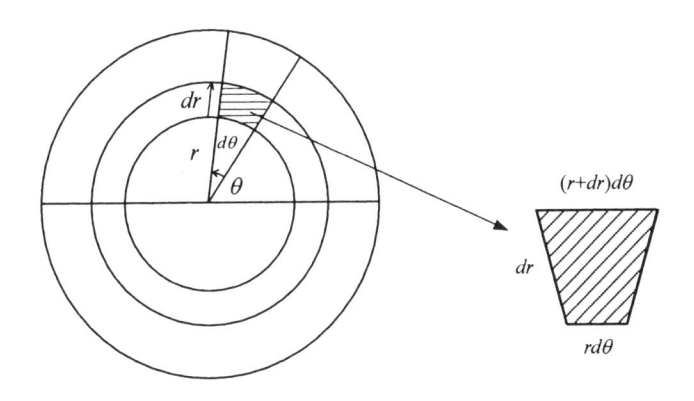

図 A2-2　直交座標と極座標の面積素。

と計算できる。よって

$$I^2 = \int_0^{2\pi}\int_0^{\infty} \exp(-ar^2) r\,dr\,d\theta = \int_0^{2\pi} \frac{1}{2a} d\theta = \left[\frac{\theta}{2a}\right]_0^{2\pi} = \frac{\pi}{a}$$

$$\therefore I = \pm\sqrt{\frac{\pi}{a}}$$

となるが、グラフから明らかなように I の値は正であるので、結局

$$\int_{-\infty}^{\infty} \exp(-ax^2) dx = \sqrt{\frac{\pi}{a}}$$

と与えられる。

補遺3　スターリング近似

　階乗（factorial）の計算は、数が大きくなると急に大変な手間を要するようになる。3!ならば手計算で$3 \times 2 \times 1 = 6$と簡単に済まされるが、10!となると、かなりの手間がかかる。もし数が増えて1000!ともなると、手計算では、ほとんどお手上げである。よって、何とか近似的な値が得られないものかと考案されたのが、スターリング近似である。近似方法にはいくつかあるが、まず**積分**（integration）の導出で利用する**区分求積法**（piecewise quadrature）の原理を応用してみよう。まず、このように数字が大きい場合は対数をとるのが第一歩である。つまり、階乗は

$$n! = n \times (n-1) \times (n-2) \times \cdots \times 3 \times 2 \times 1$$

であるが、その対数をとると

$$\ln n! = \ln n + \ln(n-1) + \ln(n-2) + \cdots + \ln 3 + \ln 2 + \ln 1$$

となる。これは、区分求積法の考えに立てば、図A3-1に示すように、区間の幅が1で高さが$\ln x$の総面積を与えることになる。もちろん、微積分という立場からは、区間の幅が1では大き過ぎるということになるが、ここではnの大きさがかなり大きい場合を想定しているから、近似という観点に立てば、区間の幅が$1/n$となったとみなすことができる。よって、積分を使って

$$\ln 1 + \ln 2 + \ln 3 + \cdots + \ln(n-2) + \ln(n-1) + \ln n \cong \int_1^n \ln x \, dx$$

のように近似することが可能となる。ここで部分積分を利用すると

$$\int_1^n \ln x \, dx = [x \ln x]_1^n - \int_1^n 1 \, dx = n \ln n - [x]_1^n = n \ln x - n + 1$$

補遺 3　スターリング近似

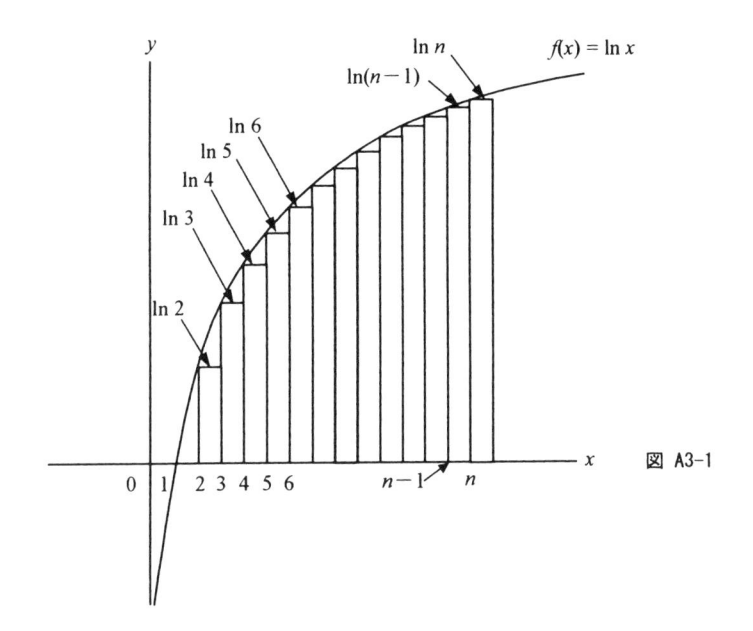

[図 A3-1: $f(x) = \ln x$ のグラフと長方形による近似]

図 A3-1

n の数が大きいことを想定しているので、最後の 1 は無視できて、結局

$$\ln n! = n \ln n - n$$

と近似できることになる。この式を**スターリング近似** (Stirling's approximation) と呼んでいる。この近似式は n が大きいときには、誤差が少なく、一般的にもよく使われるものであるが、n がそれほど大きくないときには誤差が生じることがある。本書でも、n がそれほど大きくないときには、別のスターリング近似をつかっている。その説明をしよう。

実は、特殊関数の中に、**ガンマ関数** (Γ function) と呼ばれる階乗を表現できる便利な関数がある。その定義は

$$\Gamma(x) = \int_0^\infty t^{x-1} e^{-t} dt$$

である。一見すると複雑であるが、この積分関数には非常に便利な性質がある。それを確かめてみよう。この関数の定義から

$$\Gamma(x+1) = \int_0^\infty t^x e^{-t} dt$$

となる。ここで部分積分を利用して右辺の積分を変形すると

$$\int_0^\infty t^x e^{-t} dt = \left[-\frac{t^x}{e^t}\right]_0^\infty + \int_0^\infty x t^{x-1} e^{-t} dt$$

となる。ここで補遺 1 の e^t の展開式

$$e^t = 1 + t + \frac{1}{2!}t^2 + \frac{1}{3!}t^3 + \frac{1}{4!}t^4 + \cdots + \frac{1}{n!}t^n + \cdots$$

から

$$\lim_{t \to \infty} \frac{t^x}{e^t} = 0$$

であるので

$$\Gamma(x+1) = \int_0^\infty t^x e^{-t} dt = x \int_0^\infty t^{x-1} e^{-t} dt$$

と変形できる。ガンマ関数を使うと

$$\Gamma(x+1) = x\Gamma(x)$$

という**漸化式** (recursion relation) が成立することが分かる。x は実数でもよいが、特に整数の場合

$$\Gamma(n+1) = n \cdot (n-1) \cdot (n-2) \cdots 3 \cdot 2 \cdot 1 = n!$$

のように、階乗に対応している。よって

$$n! = \int_0^\infty t^n e^{-t} dt$$

となる。ここで、n が大きいということを利用して、被積分関数を計算しやすいように変形してみよう。まず被積分関数の対数をとると

$$\ln t^n e^{-t} = \ln t^n + \ln e^{-t} = n \ln t - t$$

となる。つぎに

補遺3　スターリング近似

$$t = n + \xi$$

とおくと

$$\ln t^n e^{-t} = n\ln(n+\xi) - (n+\xi)$$

いま

$$\ln(n+\xi) = \ln\left[n\left(1+\frac{\xi}{n}\right)\right] = \ln n + \ln\left(1+\frac{\xi}{n}\right)$$

と変形し、対数のテーラー展開（補遺1参照）を利用する。それは

$$\ln(1+t) = t - \frac{1}{2}t^2 + \frac{1}{3}t^3 - \frac{1}{4}t^4 + \cdots$$

であったから

$$\ln\left(1+\frac{\xi}{n}\right) = \frac{\xi}{n} - \frac{1}{2}\left(\frac{\xi}{n}\right)^2 + \frac{1}{3}\left(\frac{\xi}{n}\right)^3 - \cdots$$

と展開できることになる。これを先ほどの式

$$\ln t^n e^{-t} = n\ln(n+\xi) - (n+\xi) = n\left[\ln n + \ln\left(1+\frac{\xi}{n}\right)\right] - (n+\xi)$$

に代入すると

$$\ln t^n e^{-t} = n\ln n + \left(\xi - \frac{\xi^2}{2n} + \frac{\xi^3}{3n^2} - \cdots\right) - (n+\xi)$$

となる。ここで、われわれは n が大きい場合を想定しているから、分母が n^2 よりも高次になる項は無視することができるので

$$\ln t^n e^{-t} \cong n\ln n - \frac{\xi^2}{2n} - n$$

と近似することができる。ここで、あらためて、両辺の指数をとると

$$t^n e^{-t} \cong e^{n\ln n} e^{-n} \exp\left(-\frac{\xi^2}{2n}\right) = n^n e^{-n} \exp\left(-\frac{\xi^2}{2n}\right)$$

ここで、この近似式をもとの階乗の積分の式にもどす。$t = n+\xi$ という変数

変換を行っているので
$$dt = d\xi$$
であり、積分範囲は
$$0 \leq t \leq \infty \quad \rightarrow \quad -n \leq \xi \leq \infty$$
と変わるので
$$n! = \int_0^\infty t^n e^{-t} dt = \int_{-n}^\infty n^n e^{-n} \exp\left(-\frac{\xi^2}{2n}\right) d\xi = n^n e^{-n} \int_{-n}^\infty \exp\left(-\frac{\xi^2}{2n}\right) d\xi$$

ここで
$$\int_{-n}^\infty \exp\left(-\frac{\xi^2}{2n}\right) d\xi$$

の積分は、n が十分大きいときには
$$\int_{-n}^\infty \exp\left(-\frac{\xi^2}{2n}\right) d\xi \cong \int_{-\infty}^\infty \exp\left(-\frac{\xi^2}{2n}\right) d\xi$$

と近似できる。なぜなら n が大きいと、被積分関数は正負の両方向で急激に 0 に近づくからである。すると、これはガウス積分そのものであり、補遺2で求めたように
$$\int_{-\infty}^\infty \exp\left(-\frac{\xi^2}{2n}\right) d\xi = \sqrt{2n\pi}$$

と与えられる。したがって
$$n! = n^n e^{-n} \int_{-n}^\infty \exp\left(-\frac{\xi^2}{2n}\right) d\xi = n^n e^{-n} \sqrt{2n\pi} = \sqrt{2\pi} n^{n+\frac{1}{2}} e^{-n}$$

と与えられる。これを**スターリングの公式** (Stirling's formula) と呼んでいる。n は大きい数であるので、さらに、この対数をとると

補遺3　スターリング近似

$$\ln n! \cong \ln\sqrt{2\pi} + \ln n^{n+\frac{1}{2}} + \ln e^{-n} \cong \left(n+\frac{1}{2}\right)\ln n - n + 0.92$$

となる。n が大きい場合には 1/2 や 0.92 は無視できるので

$$\ln n! \cong n\ln n - n$$

となって、先ほどと同じ近似式が得られる。

<付表 1> 正規分布表 $I(z)$

z	0	0.01	0.02	0.03	0.04	0.05	0.06	0.07	0.08	0.09
0.0	0.0000	0.0040	0.0080	0.0120	0.0160	0.0199	0.0239	0.0279	0.0319	0.0359
0.1	0.0398	0.0438	0.0478	0.0517	0.0557	0.0596	0.0636	0.0675	0.0714	0.0753
0.2	0.0793	0.0832	0.0871	0.0910	0.0948	0.0987	0.1026	0.1064	0.1103	0.1141
0.3	0.1179	0.1217	0.1255	0.1293	0.1331	0.1368	0.1406	0.1443	0.1480	0.1517
0.4	0.1554	0.1591	0.1628	0.1664	0.1700	0.1736	0.1772	0.1808	0.1844	0.1879
0.5	0.1915	0.1950	0.1985	0.2019	0.2054	0.2088	0.2123	0.2157	0.2190	0.2224
0.6	0.2257	0.2291	0.2324	0.2357	0.2389	0.2422	0.2454	0.2486	0.2517	0.2549
0.7	0.2580	0.2611	0.2642	0.2673	0.2704	0.2734	0.2764	0.2794	0.2823	0.2852
0.8	0.2881	0.2910	0.2939	0.2967	0.2995	0.3023	0.3051	0.3078	0.3106	0.3133
0.9	0.3159	0.3186	0.3212	0.3238	0.3264	0.3289	0.3315	0.3340	0.3365	0.3389
1.0	0.3413	0.3438	0.3461	0.3485	0.3508	0.3531	0.3554	0.3577	0.3599	0.3621
1.1	0.3643	0.3665	0.3686	0.3708	0.3729	0.3749	0.3770	0.3790	0.3810	0.3830
1.2	0.3849	0.3869	0.3888	0.3907	0.3925	0.3944	0.3962	0.3980	0.3997	0.4015
1.3	0.4032	0.4049	0.4066	0.4082	0.4099	0.4115	0.4131	0.4147	0.4162	0.4177
1.4	0.4192	0.4207	0.4222	0.4236	0.4251	0.4265	0.4279	0.4292	0.4306	0.4319
1.5	0.4332	0.4345	0.4357	0.4370	0.4382	0.4394	0.4406	0.4418	0.4429	0.4441
1.6	0.4452	0.4463	0.4474	0.4484	0.4495	0.4505	0.4515	0.4525	0.4535	0.4545
1.7	0.4554	0.4564	0.4573	0.4582	0.4591	0.4599	0.4608	0.4616	0.4625	0.4633
1.8	0.4641	0.4649	0.4656	0.4664	0.4671	0.4678	0.4686	0.4693	0.4699	0.4706
1.9	0.4713	0.4719	0.4726	0.4732	0.4738	0.4744	0.4750	0.4756	0.4761	0.4767
2.0	0.4772	0.4778	0.4783	0.4788	0.4793	0.4798	0.4803	0.4808	0.4812	0.4817
2.1	0.4821	0.4826	0.4830	0.4834	0.4838	0.4842	0.4846	0.4850	0.4854	0.4857
2.2	0.4861	0.4864	0.4868	0.4871	0.4875	0.4878	0.4881	0.4884	0.4887	0.4890
2.3	0.4893	0.4896	0.4898	0.4901	0.4904	0.4906	0.4909	0.4911	0.4913	0.4916
2.4	0.4918	0.4920	0.4922	0.4925	0.4927	0.4929	0.4931	0.4932	0.4934	0.4936
2.5	0.4938	0.4940	0.4941	0.4943	0.4945	0.4946	0.4948	0.4949	0.4951	0.4952
2.6	0.4953	0.4955	0.4956	0.4957	0.4959	0.4960	0.4961	0.4962	0.4963	0.4964
2.7	0.4965	0.4966	0.4967	0.4968	0.4969	0.4970	0.4971	0.4972	0.4973	0.4974
2.8	0.4974	0.4975	0.4976	0.4977	0.4977	0.4978	0.4979	0.4979	0.4980	0.4981
2.9	0.4981	0.4982	0.4982	0.4983	0.4984	0.4984	0.4985	0.4985	0.4986	0.4986
3.0	0.4987	0.4987	0.4987	0.4988	0.4988	0.4989	0.4989	0.4989	0.4990	0.4990

索引

あ行

n 階の導関数　290
一様分布　71, 198
エントロピー　272
オイラー数　286

か行

階乗　36, 296
階乗級数　291
ガウス関数　145
ガウス関数の積分　149
ガウス積分　300
ガウスの積分公式　293
拡散現象　217
拡散方程式　248
拡散方程式　251
確率　12
確率過程　208
確率変数　68
確率密度関数　69, 197
ガンマ関数　297
幾何級数　141
幾何分布　139
期待値　74
逆正弦　246
逆正弦の法則　246
共通部分　20

極値をとる条件　153
近似理論　216
空集合　21
区分求積法　296
組合せ　48
組合せの数　49
形状係数　206
原点復帰　223
誤差　143
誤差の分布　144

さ行

最短経路　40
最尤推定値　135
事象　12
指数分布　182
自然対数の底　286
集合　19
重積分　293
順列　35
順列の数　42
条件付確率　23
状態方程式　273
情報量　276
推移確率　255
推移行列　259
スターリング近似　55, 188, 297

スターリングの公式　300
ストレートが来る確率　62
スリーカードの出る確率　60
正規分布　158
正規分布で近似　191
正規分布の期待値　171
積の法則　17
積分　296
接線の傾き　287
漸化式　298
全事象　23
全生息数　132
双対原理　223

た行
対称なランダムウォーク　211
大数の法則　13
多項定理　102
多項分布　107
単純マルコフ過程　255
誕生日問題　53
チャップマン・コルモドロフ　270
超幾何分布　122
ツウペアの出る確率　59
定常状態　263
テーラー展開　187, 250, 290
等比級数　140
度数　77
度数分布　77

な行
2項定理　92
2項分布の分散　98, 185

2項分布の分散　98, 185
2項分布のモーメント母関数　184
2次元のランダムウォーク　252
ネイピア数　286
熱力学の第一法則　273
熱力学の第二法則　272
2項分布の分散　98, 185

は行
場合の数　35
排反事象　21
ハザード関数　203
ひずみ度　177
非対称ランダムウォーク　246
ビット　276
標準正規分布　163
標準偏差　76, 160
標本関数　208
標本空間　13
部分積分　82
フラッシュが出る確率　62
フルハウスの出る確率　61
分散　76
ベイズの定理　28
べき級数展開　92, 288
ベルヌーイ試行　122
変曲点　146
偏差　160
ベン図　20
ポアソン分布　111
ポアソン分布の確率密度関数　114
ポアソン分布の分散　119
ポーカーゲーム　57

索　引

ボルツマン　275
ボルツマン定数　274

ま行

マクローリン級数　289
マクローリン展開　289
マルコフ過程　255
道の総数　214
無理数　287
面積素　294
モーメント　176
モーメント母関数　179

や行

要素　20
余事象　15
世論調査　192

ら行

ラプラシアン　254
ランダムウォーク　208
ランダムウォークの確率分布　216
ランダムウォークの確率密度関数　245
ランダムウォークの偏り　217
ランダムウォークの道　213
離散型確率変数　69
累積分布関数　197
連続型確率変数　69

わ

和　20
ワイブル分布　203

和事象　14
和の法則　14
ワンペアの出る確率　58

著者：村上　雅人（むらかみ　まさと）

　1955 年，岩手県盛岡市生まれ．東京大学工学部金属材料工学科卒，同大学工学系大学院博士課程修了．工学博士．超電導工学研究所第一および第三研究部長を経て，2003 年 4 月から芝浦工業大学教授．2008 年 4 月同副学長，2011 年 4 月より同学長．

　1972 年米国カリフォルニア州数学コンテスト準グランプリ，World Congress Superconductivity Award of Excellence，日経 BP 技術賞，岩手日報文化賞ほか多くの賞を受賞．

　著書:『なるほど虚数』『なるほど微積分』『なるほど線形代数』『なるほど量子力学』など「なるほど」シリーズを 20 冊以上のほか，『日本人英語で大丈夫』．編著書に『元素を知る事典』（以上，海鳴社），『はじめてナットク超伝導』（講談社，ブルーバックス），『高温超伝導の材料科学』（内田老鶴圃）など．

なるほど確率論
　2003 年 4 月 8 日　第 1 刷発行
　2024 年 9 月 10 日　第 5 刷発行

発行所：㈱海鳴社　http://www.kaimeisha.com/
　　〒101-0065　東京都千代田区西神田 2－4－6
　　E メール：info@kaimeisha.com
　　Tel.：03-3262-1967　Fax：03-3234-3643

JPCA

本書は日本出版著作権協会 (JPCA) が委託管理する著作物です．本書の無断複写などは著作権法上での例外を除き禁じられています．複写（コピー）・複製，その他著作物の利用については事前に日本出版著作権協会（電話 03-3812-9424, e-mail:info@e-jpca.com）の許諾を得てください．

発　行　人：辻　信行
組　　　版：小林　忍
印刷・製本：シナノ

出版社コード：1097
ISBN 978-4-87525-213-9

© 2003 in Japan by Kaimeisha
落丁・乱丁本はお買い上げの書店でお取替えください

村上雅人の理工系独習書「なるほどシリーズ」

なるほど虚数——理工系数学入門	A5判 180頁、1800円
なるほど微積分	A5判 296頁、2800円
なるほど線形代数	A5判 246頁、2200円
なるほどフーリエ解析	A5判 248頁、2400円
なるほど複素関数	A5判 310頁、2800円
なるほど統計学	A5判 318頁、2800円
なるほど確率論	A5判 310頁、2800円
なるほどベクトル解析	A5判 318頁、2800円
なるほど回帰分析	A5判 238頁、2400円
なるほど熱力学	A5判 288頁、2800円
なるほど微分方程式	A5判 334頁、3000円
なるほど量子力学Ⅰ——行列力学入門	A5判 328頁、3000円
なるほど量子力学Ⅱ——波動力学入門	A5判 328頁、3000円
なるほど量子力学Ⅲ——磁性入門	A5判 260頁、2800円
なるほど電磁気学	A5判 352頁、3000円
なるほど整数論	A5判 352頁、3000円
なるほど力学	A5判 368頁、3000円
なるほど解析力学	A5判 238頁、2400円
なるほど統計力学	A5判 270頁、2800円
なるほど統計力学　◆応用編	A5判 260頁、2800円
なるほど物性論	A5判 360頁、3000円

（本体価格）